THE ESSENCE
OF CULTURE CREATIVITY

文创的本质

周文军◎著

中国商业出版社

图书在版编目（CIP）数据

文创的本质 / 周文军著. -- 北京：中国商业出版社，2020.1

ISBN 978-7-5208-1076-0

Ⅰ. ①文… Ⅱ. ①周… Ⅲ. ①文化产业 - 研究 - 中国 Ⅳ. ① G124

中国版本图书馆 CIP 数据核字（2019）第 289869 号

责任编辑：刘万庆

中国商业出版社出版发行
010-63180647 www.c-cbook.com
（100053 北京广安门内报国寺 1 号）
新华书店经销
三河市长城印刷有限公司印刷
*
710 毫米 ×1000 毫米　16 开　12 印张　175 千字
2020 年 5 月第 1 版　2020 年 5 月第 1 次印刷
定价：48.00 元
****
（如有印装质量问题可更换）

推荐序

文创产业是新经济的灰姑娘

周文军在本书中,提出了一个完整的符合产业规律的发展模型。对于文创产业的运营从业者而言,如何将文创产业发展成为国家的经济支柱型产业,本书中有很好的答案。

文创产业在新经济语境中,属于知识经济范畴。在本书的内文中,周文军认为:文创产业的基础是对于文化作品进行确权,文化产权是知识经济的"芯片"。从国内文创产业的发展进程来看,现在我们的大文创产业还缺少好的管理模式,也缺少将满地的文化碎片进行整合,从而成为城市整体规划和流程的优秀实践。

城市和小镇如果抓住了内生的资本,也就抓住了文创资产资本化的"牛鼻子",让文创IP成为永恒的金库。周文军从一个杰出的演奏者开始,蝶变成为导演,从导演蝶变成为制作人,从制作人又蝶变成为文创产业管理者。这是不断向边界之外进行探寻的过程。本书最重要的价值,就是为整个文创产业建立了一个分析系统,也提供了一个"从故事发展到可以落地的大企业"的文创路径。

杨志今

原文化部党组副书记、副部长

2019年10月1日

自 序

十万亿的文旅产业机会

对于中国未来的经济发展，经济成果需要惠及所有的中国人，这个主题抛出来，其实代表了未来十年二十年的产业布局的问题。

"北上广深"或者最新定义的"北上杭深"，是所有资源要素都齐备的中国城市经济体，然而在中国还有大量处于初级发展阶段的边远县域和村寨。用全球先进地区发展模式和指标来衡量，县域经济虽然发展了，但是发展得还不充分，很多人依然没有走出基于血缘的生存架构，依附型经济发展模式还大量存在。所以，县域经济的发展需要机会，如何让县域地区成为主体参与改变并且突破，是横在改革者面前的大江大河。换言之，新发展模式落地的最大障碍，在人心里。

一流城市以科技创新为价值突破点，县域经济以文创（文化创意）和文旅（文化旅游）经济为战略突破点，这是本书要表达的主旨。个人认为，"北上广深"的少数精英型并不能完全代表中国，而大量的县城才是真正的中国。基于人文的发展模式，基于人文产业的启蒙，可以曲线带动一、二、三产业的生态式发展，这是一种很有价值的思考方向。

县域经济和发展中的地区有着真山真水，而从真山真水真人文之中去挖掘财富，找到可持续的发展模式，这是我在书中提出的方案。"绿水青山就是金山银山"是一种基于现实和未来的战略论断，在新的发展阶段，这对于县域这样的后发展地区的发展模式提出了非常科学的指导。

中国人的旅行时代已经到来,旅行过程中的消费是在文化场景中完成的。这是一种经济流向的问题,先进地区和发展中地区的财富实现可持续的对流模式,也就是基于平等的产业基础进行对流,这是我们这个时代发展的一个主题。

很多后发展地区都在想着复制大城市和先进城市的成功,但人文发展模式是基于自己独特资源模式的成功,这种成功是有特色和差异化的,无法完全复制。其实,人来了就是机会,这是一种简单但是特别接地气的方法。对于发展中地域的发展模式,我提出了自己的建议:先将一流的人才吸引过来,让人喜欢上这个地方,后面很多价值点就会被连带着带进来。一个让人不喜欢的地方,大概很难吸引资本,产业生态构建也不可能继续深入下去。

从近些年的发展模式来看,文旅产业在很多地区被当成了一个产业形态来对待,这种思考模式本身就是局限。文旅经济是一个地区发展的战略底座,不能将其简单地看成是一个产业形态,应该被看作是一个先导要素,而不是一个单纯的赚钱产业。

在书中,我提出了"大文创产业创新管理"模式,就是提倡一种基于人文的全面发展路径,不要将文化产业当成是单一的产业,而是要将文化产业放在构建地区经济制高点的位置去对待。人文吸引力的建设是经济发展的根本解决模式,文旅产业解决的是这样一个问题,"有朋自远方来,不亦乐乎"。

中国目前一年在文旅产业的投资额近两万亿人民币,旅游出行达到年50亿人次。而且这些数据还在高速增长,可以带动十万亿的产业机会。文旅产业的主要资金流向,是从主导性的城市地区扩散到整个中国的县城、乡村。文旅产业本身就具备"先富带动后富"的客观带动效应。这个产业经济具备带动新一轮经济发展的内在动力。文旅消费市场与文旅投资要素市场进入良性循环、双向互动的新阶段,包含着巨大的投资潜力和空间,文旅产业投资的窗口也已经打开。

我和一些产业专家深入探讨了资本和文旅产业之间的关系，一致认为文旅产业的逻辑在于"将区域内的所有特色产品带入到整体的原产地品牌经济中去"。和房地产的逻辑一样，房地产曾经带动了数十个相关产业的齐头发展，形成一个巨大的产业生态。文旅产业的价值同样能够带动某一地区几十个相关产业的发展，形成区域内在的竞争能力。

在书中，我想和读者聊一些文创产业的弯路，谈到了很多关于文旅产业的发展误区，以至于带来很多损失，而究其本质原因就在于人认识不到文创产业的规律。正因为文旅产业的投资是大投资和大手笔，所以一旦出现失误，或者发生违背产业规律的事情，就会造成巨大的损失。

人文资源和自然资源的完美结合，并且经过长期的持续努力，文创和文旅产业才能够在一个地区发展起来，这需要一个基于企业并且跨越企业的新的管理系统。而推动文旅产业走出自身局限，实现相关领域的互动、融合，打造自身完整的产业链，将使得文旅产业中的并购重组加快步伐。管理系统和并购重组都将直接加速文旅资源深度整合。此外，在现有的文旅产业投资中，民间资本占到60%，形成民企投资为主、政府和国企投资共同参与的多主体投资局面。

全国城市经济之中，作为"创新中心"的深圳，也采取了科技和文创产业齐头并进的产业政策。即使文创产业占据整个城市总产值的比例不高，但是却能够推动城市的人文发展，提供一个具有深厚人文价值的空间。

除了深圳之外，越来越多的地方也将文旅产业作为战略性支柱产业，并以此为基础促进本地产业的转型升级，由此深化资源整合，以扩大文旅市场。产业投资环境得到优化，加上政策利好对文旅产业跨界融合的推动，社会资本也得到鼓励，积极地进入文旅产业领域。

文旅产业是与人们物质和精神文化生活体验需求密切关联的产业领

域。实际上，文旅产业属于大文创产业，包含的领域相当广泛，如狭义的文化产业、旅游业、服务业、娱乐业等。文旅产业是一种复合型的产业系统和经济形态。文旅产业的持续发展和不断升级，使得这一产业的投资门槛越来越高。稳定而持续的产业增值，要求越来越有力的投资支持。因此，文旅产业呼唤金融资本的支持，同时也应该与金融相结合，而缺少这种结合的投资则可能会变得相当吃力。这也表明，文旅产业与金融业相结合是大势所趋。

当然，文旅产业与金融业目前的结合还不太多，尚处在酝酿阶段。在深入认识文旅项目之后，就会发现其中的许多项目堪称优良，很值得开发，因而将成为以后投资的压台戏，必然得到良好的利润回报，但对资金的需求也是很大的。当前，一些投行、券商、投资商正在仔细调研各类文旅项目，积极寻找文旅或文产投资标的，这将促使高回报的文旅产品和业态更多地显现出来。这就是说，更多具有创意和创新特色的文旅产品将涌现出来，更多适合市场需求的文旅产品将浮上水面。这样一种形势，将会极大地促进对文旅产业或文化产业的投资，也将进一步促进文旅产业和金融业的结合，同时也能改变资本的某些徘徊不定状况。

实际上，文旅项目的投资，还应看到广阔的国际市场。中国是一个消费大国和文旅大国，如想进一步成为文旅和文产强国，就需要在提高本国文化产品供给能力的基础上，走进世界市场，参与全球竞争。一方面，自主文化 IP（知识产权）的输出，将会使资本的效能充分地发挥出来；另一方面，还应该用文产投资的形式，鼓励引进更多的具有世界高水平的文旅或文产品牌。

在很大程度上，文旅产业和文旅投资的互动和彼此促进，将是本土文产集团崛起、发展、兴盛的一个大好时机。虽然国际大公司或大集团，一定不会错过中国这一良好的市场机会，也会进来寻求发展，但这些外来集团一般都有自己的经营方式，将有一长段时间的适应过程，从而难以在中国有迅速发展,如好莱坞环球影城、迪士尼等都遇上了这样的状况。但本土集团或企业的长处在于更了解国情,具有获得更广泛市场等方面的优势。

本土企业在业务的布局上,也具有外来集团无法比拟的优势,可以更便利地展开多元化经营,并形成自己完整的产业链。而这种复合型的融合经营,正是文旅产业或文化产业所需要的。实际上,复合型产业态势,也是后工业化时代所有产业所需要的。这样的产业将生产满足市场需要的复合型产品。本土企业进入文旅产业,不仅容易超越单一项目、单一布点的局限,还能够实现产业的跨界融合,将旅游与休闲、电影、演艺、游戏等结合起来,并在线上、线下进行内容生产,形成文化IP。在未来的文旅产业或文化产业中,必将涌现出更多的大型复合型文旅集团。而如何管理这些大型的文创文旅集团,就是本书的内容了。

目前,文旅产业和文化产业面临着自身发展的良好机会,各项条件都已具备,可谓天时、地利、人和均不缺乏。文旅产业作为一个生机勃勃的朝阳行业,给传统企业带来了转型升级的机遇,也给中国经济带来了新的、持久的增长点。这是当前资本投资的正确方向,产业也必将以稳定、丰厚的资本增值回报投资者。如果投资者或企业错过了文旅产业或文化产业,很可能就错过了一个前景光明的时代。

周文军
2019 年 10 月 1 日

前言

追寻创意驱动的可持续增长

可持续增长是很多企业和地区经济发展所追求的发展目标。其实,从经济学角度来进行逻辑分析,可持续增长是有前提条件的。

全球经济的发展需要很多产业要素进行组合,形成一个完整的系统。而产业的组织要素是第一位的,产业要素都是散落的资源,谁来将这些散落的资源组织起来,谁就能成为赢家。事实上,无论是文创产业,还是其他工业产业,都有这样的一个内在的规律。

"聚合资源,发挥效能",这是任何企业的内在运作逻辑,大文创产业也不例外。

文化其实都体现在人们的生活之中,沉淀在千年的文史作品里。从文化到产品,这个过程需要有创意的连接。文化无处不在,任何地区都有一些历史故事和人文遗存,如何将这些变成一个完整的故事,则需要进行完整的创意投入。文化是虚空的抽象之物,它需要经过创意的奇思妙想,变成可以体验的物件或形式,让文化不再抽象。从这个意义上讲,文创就是"让文化从形而上抽象事物变成形而下的具象事物的过程"。现实中的作品,不管是图书、建筑,还是戏剧等,都是大文创产业运作的核心,有了这个核心,作品也就有了自己的文化基因,而人们通过阅读和体验这些作品就可以感受到其中的文化特质。而这恰恰是创意连接的结果。

一个友人跟我说,要了解中国乡村的百年历史,建议我再去阅读一遍

《白鹿原》，如果去关中的话，也要再读这本书。友人说，"读了书，你再去，你就会对关中很有感觉"。

我个人觉得，文学作品虽然不能够代表现实，但它确实是来源于对现实的深入观察与思考，能够展现出人性，因而感人肺腑，启人深思。我知道一流的企业家和政治家一般很少读经济类的书，也不会去读一些寻常的管理类书籍。例如，任正非是很喜欢读书的，但他读谁的书呢？一般都会读顶级文学家的作品，因为在作品里，有更加深入的人性认知。如果你感觉一流创作者创作的是虚空的作品，那么你就错了。其实，在这些所谓的"虚空"的作品中，其内涵比我们看到的现实还真实。

《白鹿原》作者陈忠实先生说，他在写作《白鹿原》的时候，是一个"从生活体验到生命体验"的升华过程。这部小说的创作周期长达 6 年时间，这从一个侧面有力地说明了顶级文化作品都需要经过时间的锤炼，而在此过程中，作者用一个故事讲述了中国乡村的千百年的情态，同时作者自己的精神世界也在作品的创作过程中升华了。

白鹿原上白鹿村，白家和鹿家两大家族三代人的恩怨和纷争，纠葛持续了半个世纪。这种纷争对于久居乡村的人，应该非常熟悉。乡土文化中，乡村大户之间的你争我夺，早已贯穿了千年历史。从文化产业的核心驱动模式来思考这部作品，陈忠实先生就是一个站在文化源头上的创意者，从关中这片承载历史文化的土地来说，故事和地理之间已经深切地产生了关联，并且逐步渗透到人们的记忆和精神里。

一流文化作品在向读者传达的过程，也就构成了体验经济的传递过程。创作可能是一个人的事情，但是传递的过程，却可能就是一个社会文化工程了。从这一点上来看，《白鹿原》在后来的衍生扩展过程中，逐步被改编成同名电影、电视剧、话剧、舞台剧。在关中的乡土里，还被改编成了秦腔。实体拍摄场景地又成为当地的旅游地，成为文化景观。而这种增长模式，其实就是典型的创意驱动的可持续增长模式。而从文创的角度来说,《白鹿原》与关中经济的结合,目前来看不应该是到了一个终点,而应该是刚刚开始,因为关中有机会通过这样一部作品为几代人创造共同的记忆,将一段历史文学变成地区名片。因此在这里不得不说,一个伟大的创意到底能够带来多大的经济价值,可能无法用一个算盘算得清。

正是因为创意是文化产业中关键而重要的因素,文化产业又被称为文化创意产业。这一产业能带动整个经济的可持续增长,主要应该归功于文化产业中丰富的创意和创新活动,可以说是创意驱动了经济的可持续增长。这实际上是一个世界性的趋势和规则。

聪明的投资机构,对处于源头的顶级创意作品展开争夺,这是未来商业竞争的新战场。占有知识产权,也就占据了通向未来可持续发展的关键点。创意和创新本身是自我促进、不断上升的。创意和创新带来了智能社会和移动互联网社会,由此又带来了文化产业的业态改变,产生可持续的增长。如果说芯片是高科技工业的关键要素,那么顶级创意作品的知识产权,就有类似于芯片的效能,在文化推动的发展模式中,将起到关键作用。

如果说从文化到产品需要有创意连接是一种基本理念,那么"为文旅小镇找魂"就是我写作这本书的内在动力,而这个愿望则是我们这一代文创人的社会责任所在。担起这种责任,其实内心是抱有"为往圣继绝学"的心态的,尽管作为一个文化传承者还需要继续用功努力,但这种对于本土文化的热爱,是我做事的内在动力。当然,这种内在动力还是来源于现实。当我走入一些乡村和城市,和当地人进行深入攀谈,让我感到非常痛心的事情就是,在社会大变革的年代里,千年变局的历史转折点时期,那些地方发生的故事,竟然没有人去做记录。这些故事就这样变成云烟,这是非常可惜的事情!我认为,从未来几十年的发展模式来看,一个小镇和小城必须创造出自己的文化独特性,才能够获得发展能力。

事实上,乡土中那些一般人看不上的事情,其实蕴藏着真正可持续的金矿,蕴藏着无尽的财富。文创人就是善于在这种环境中去找到有趣的东西。著名作家王小波有一句话值得我们做事时借鉴，他说："我看到一个无趣的世界，但是有趣在混沌中存在。我要做的就是把它讲出来。"以文旅小镇为例，国内很多小镇在硬件上也是下足了功夫，建筑做得古色古香，但还是违背了一个规律，就是没有把真正"有趣"的价值挖掘出来。

按照大文创管理模式的思维，小镇是人格化的小镇，人是经过文化熏陶的人。我提倡的"企业大文创管理模式"更像是一个社会工程，而不是一件单纯赚钱的事情。

移动互联网打破了人员办公固定地域的工作方式，使上班的人可以随时方便地与人进行沟通、合作，科技的发展为办公打破了时间和地点的限制，也为文创产业发展提供了便利。文旅小镇凭借其生态环境和文化氛围，可以吸引很多城市人前来，在这里边度假边办公或创业等。文旅小镇可以汇聚散落的人文资源，形成文化聚集区域，在区域之中叠加文化内容和艺术内容；同时打造新的人居环境，让一流人才能够留下发展，或者让区域资源跟一流的人才事业之间产生深度的关联等。其实，这样的思考，旨在强调人与环境的融合，而这恰恰是大文创管理模式的出发点，因为人文环境和人的融合度，在未来就是核心竞争力。

那么，从具体的规划层面来说，文旅小镇的起点到底是什么？按照传统的定义，文旅小镇的基础设施除承担基本的购物、吃饭、住宿功能之外，还需有更强的体验、休闲、展示、互动等功能。在提供办公条件之外，还要提供文化价值、健康价值、旅游价值等，这样才能留得住消费者，并引起进一步的消费。这都是需要借助创意实现的，并体现出发展的可持续性。这里也凸显出文化产业的复合性质，将休闲、文化、商业、工作、旅游、地产等囊括一体，形成一个丰富多彩、充满创意的系统。这些都是些硬件系统，我们如果翻开任何一本文创发展类的书，说的都是这些。但如果不从人文的角度进行社会化的管理，即基于大文创的创新管理，大部分的产业投资到最后都达不到预期效果。

无论什么发展模式，都不是普适的，但是从人文的角度来挖掘，这个起点是不会错的。在人文基础上形成自己的差异性，比如上海石库门的文化存留，挖掘出来的是近代中西碰撞的历史文化，人在这个区域里体验的就是这个文化。沿着自己的特色发展出来的文化价值，必然是个性化的。

创意不断叠加的过程，首先需要有一批记录者，将人文的价值点记录下来。在这方面，真的要学习一下欧美的一些家族。在考察欧美的一些家族之后我发现，他们可以从自己的家庭书房里拿出19世纪祖辈的笔记和日记。翻开以后，跟我们共享家族的历史，这里记录着他们祖辈的心得和情感，这些都是素材，也是创意的起点。

人文素材是创意的源泉，创意和创新带来发展，进一步的发展又要求更多的创意和创新。这是一条可持续发展的路线。文化产业的机会不在于模仿和跟风，而在于回归本土地域文化创意。这一复合型的大文创产业，将成为"互联网+"之后的经济发展趋势，并形成席卷全球的局面。

有了创意这个起点，还要进行创新管理。企业大文创创新管理，倡导的是地域文化发展一盘棋的策略得以落实。这就意味着，单一的文化产品将以复合型产品的形式向市场呈现，得到消费者的认同；这也意味着，将文化"碎片"整合成文化资产，形成完整的产业链，突破过去"碎片"式经营的桎梏。

这种以文化为龙头的大文创创新管理模式，将会被越来越多的龙头文化企业和城市所接纳。在一个多元、复合的系统内，最容易产生出创意和创新。文化产业似乎最鲜明地表现了这一点，这就是"文化+"模式的跨界融合。文化产业的复合型特征，决定了其与各类产业的关联性，这就意味着文化产业是经济中最具融合发展优势的产业，由此而酝酿出大量的创新和创意，保证产业的可持续增长，也带动整个经济实现可持续增长。

具体来说，"文化+"模式下的文化产业复合型优势体现在这样几个方面。第一，中国迫切需要发展绿色、环保的文化产业，实现创意驱动的可持续增长。文化产业的发展，还将带动绿色低碳和创新驱动的产业转型升级，使传统的产业走向中高端，从而实现中国经济、社会整体走上可持续发展的道路。第二，文化产业的复合型优势和相应的增长动力，还会不可避免地产生辐射效应，这种辐射效应既是跨产业的，也是跨地域的。文化产业是复合性产业，其"文化+"模式成为带动经济发展的强大驱动力。因此，文化产业的成长，给城市消费市场带来强劲的驱动力，不断地形成持续消费热点，这也对促进就业产生积极推动。"文化+"模式的融合作用，还使文化产业对传统产业的结构升级和调整带来推动作用，并以自身的发展调节第三产业和第二产业之间的关系，持续地在传统服务业中衍生出新的分支部门，促成传统服务业的转型和升级。第三，这种"文化+"模式，将创意和创新融入各个产业之中，还将持续地产生新的发展热点。文化产业还是一个重体验的产业，体验是获得消费者市场的关键，也是创意和创新不竭的源泉。这就需要文化资本要注重体验的打造，使文化产业链在新体验、人性化配套、新业态等方面都得到加强，进一步丰富创意的产生。对文化产业的任何一项投资，都应着重关注体验的建构。这是一种重体验的"文化+"模式，必将以创意驱动可持续的增长。

人文发展模式的转变，可能看起来并不轰轰烈烈，就像一场夜雨，云杉的种子在春天的暗夜里发了一个嫩芽，但假以时日，一定能够长出参天巨树。大文创产业的发展，是一种基于生态的思考，也是一种新的发展观。做时间的朋友，是文化资本的发展基因，也许，春种秋收的周期对于文化产业来说，时间太短了。文化发展的模式，更多的结果却是：前人栽树，后人乘凉。

目 录

第一章　一次投资三辈子受益
酷的体验才是未来财富之源 / 2
可持续才是好产业 / 7
大文创的生命力和源泉 / 13
突破物理产品的需求黄昏 / 21
无中生有是创意经济的本质 / 28
无限叠加的资本游戏 / 35
被忽视的、被边缘的却代表未来 / 42
企业大文创产业是个"终结性战场" / 46

第二章　文化是个催化剂
文化碎片变成文化品牌 / 52
城市文旅综合体 / 56
文化事件品牌的打造 / 62
大文创管理是台超级发动机 / 67
文化催化效应和社会繁荣 / 71
IP 资产，星火可以燎原 / 75

第三章　玩转文化魔方
文化不动产管理 / 82

引入工业化管理模式 / 89

扁平管理和金字塔管理 / 95

用激励机制推动文化创新 / 100

中国文产之路：借鉴、创新和全球化 / 104

第四章　向快餐金融道个别

科技投资向左，文化投资向右 / 108

蓝图大成本，复制小成本 / 112

文产曲线模型 / 115

"文化+"模式 / 118

政府观念支撑：两种视角看文产 / 121

文化城市内生资本理论 / 127

第五章　文化是化学，不是物理

实体+文化是一种化学变化 / 136

政府小资助，社会大收益 / 139

大文创产业链平台 / 143

从产权到资产，从资产到资本 / 145

大文创衍生链：多角升值的内在机制 / 150

第六章　以人为本，以市场为本

文化产品需要扔进市场去检验 / 158

激活产业需要顶级创意家 / 162

以人为本实现创意驱动 / 166

创新者的回报必须合理 / 168

快乐即生产力 / 170

参考文献 / 173

第一章 一次投资三辈子受益

酷的体验才是未来财富之源

对于现在的年轻人愿意留在"北上广深"还是留在小城镇发展这个问题，网上明确分成了两派，即县城派和旅居的"北漂派、海漂派、南下派"，两派之间有着完全不同的观点，各说各的优势和劣势，很难得到一个共识。

其实，"满足基本的生活需要"和"对美好生活的向往"这两种需求模式，决定了两种不同的发展模式，这是观念分野导致的结果。但真正具备企业家精神的人，则思考如何用行动填平发展的鸿沟。

如何让人留在当地发展，大概是一个时代的问题，大城市需要营造好的人文环境，小城市也需要营造好的人文环境。争论"一线城市容不下身体，三、四线城市容不下灵魂"，这样的议题是没有什么价值的。人们对于发展成本的思考和争论，其实讨论的是一个时代的发展机会问题。那么，我们如何能够推动中小城市的发展，就是本书需要探讨的价值所在。

按照我的理解，在县域小城市中获得发展机会才具备真正的发展价值。这是因为，目前几乎有七成的人口要在中小城市生活，他们的精神追求产生的精神产品需求在下一个十年就会集中爆发出来。中小城市的人文发展，就是想让一流的人才群体能够对流起来，让中小城市也能够成为"承载灵魂"的地方。这里不仅有社会责任的问题，也蕴含着巨大的财富机会。

城市发展首先需要深度理解"城市和人"的关系。这个关系在人类工业革命史上已经讨论了几百年。1972年，日本历史学家池田大作在英国待了十天，他和英国历史学家阿诺德·约瑟夫·汤因比（Arnold Joseph Toynbee）进行了一场堪称世纪对话的交流。在对话之中，谈及在不同的发展阶段中人们如何看待文学和科学的问题，他们提出了一个"对于饥饿的人而言，文学有什么用"的问题。

继而汤因比又引申出了一个"对于饥饿的人而言，科学有什么用"的问题，在汤因比的眼中，"亚洲独立完成工业化，是遥远未来的事情"。事实上，中国以飞跃的方式在进行着自己的工业化和城市化进程。在今天的中国，文化和科学昌明的时代已经到来了。之前对于物质需求占主导的欲望体系阶段已经被无声地越过，而现在正在被基于精神需求的产业体系所主导。现在我们去问经济学家对于人的精神需求是怎么看的，可能所有的经济学家都会回答："人的精神需求是实实在在的，不是虚幻的需求，具备极大的市场空间。"

精神需求转化出来的主导产业是体验经济、审美经济和创意经济。文化企业和文化城市作为文化产出的主体，其主导创造模式即是将地域文化提升到大众欣赏的地步，并且产生美好的体验。先发的国家和大城市不能垄断审美霸权，在中小城市，也需要发展出自己的审美权力。对于审美权力的争夺，比商品经济的竞争又上了一个维度。城市间关于人文维度的竞争，是未来产业竞争的主导型形态。

至于什么叫体验经济和审美经济，可以举一个很有趣的例子来谈一下。

著名作家王小波眼小嘴阔，长得不好看，他自嘲说自己的长相只能跟爬虫馆里的爬虫比一比才能够胜出。著名文学评论家刘心武先生和王小波是朋友，在开始接触的时候，刘心武也觉得王小波是个长得不好看的人，但一聊天，看法马上就变了，他说出了自己的感受："一开始对话，我越来越感受到他的丰富多彩。两杯茶过后，竟觉得他越看越顺眼，也许是因

为,他逐步展示出了优美的灵魂。"

同样的道理,小城市可能在硬件上不如大城市好看,但是接触一下,就被当地的文化所吸引,这是体验经济所追求的目标。对于中小城市的发展模式,要发展体验经济,却又想与一线城市比繁华,那是一条歧路。一个小城市不可能靠模仿大城市的发展道路让自己发展起来。例如,站在浦西百年前的西洋楼群之前,看到对面的摩天大楼林立,相隔两个世纪的震撼感,那种充满历史感和未来感的叠加型体验,那是上海作为"魔都"的特色,而不可能成为小城市的特色。

"酷"(Cool)是一种外来词汇,类似于中国看到一个新鲜事物,能让人感叹地发出一声"哇"。"酷经济"是工业设计圈里的一个主题思考,即用工业设计思维和艺术思维,对于传统产品都经过新一轮的设计,赋予产品以新的生命力。其背后的创作逻辑是:一件本来被认为不那么美的产品,在经过系统化的引入文创思维之后,能够让消费者产生新的体验,将不那么美的产品变成新的设计经典,更好地融入到生活之中。

从城市文化的发展模式来看,有三个工作是要做的:一是建立属于城市的文化抢救和挖掘体系,创作城市故事;二是建立满足城市发展的工业设计体系;三是建立艺术人才库,对于本地的艺术形式进行继承和发扬。这三种工作都是轻资产的行动模式。这些文化创造活动都能够形成知识产权,而知识产权是推动金融和文化产业结合的基础资产,所有的"酷经济"和酷的体验都在这个基础上发展出来。对于"先有鸡还是先有蛋"的问题有不同的解读,也就是说,可能各个城市面临的问题是不同的,但是从基础工作开始一定是相同的,做符合产业规律的事情,是不会吃亏的。

本地化的一流人才培养体系是整个体验经济运营的核心。就文创体验经济的发展而言,必须抓住这个"牛鼻子"。尽管抓住其他要素也很重要,但是一旦体验经济和一流人才相分离,发展模式就会撞墙。

"敢于和一线城市抢文创人才"可以成为一种行为,一线城市的文创人才可以被邀请过来成立工作室，对于城市文化公司进行系统性的整理和挖掘。人的创造力和本地文化资源的结合，创造体验，可以形成新的财富源泉。

体验经济是从消费者的视角出发的，他们为体验而付费，这种付费体系购买的是人的精神满足。因此在企业运营的哲学上，则需要企业家和企业，特别是一些已经完成上市的文化类企业，充分认识到时代给予的机会，在观念上改变"一蹴而就"的资本套利思维，深耕文化创意产业，如此才能够为家族乃至为地域经济留下永存的文化价值。

创造酷的体验，需要进行大的社会化协同，这种水平协同能够将不同的企业和文化主体黏合在一起，完成一个结果的创造。一流的媒体人，能够理解媒体传播的规律。一流的诗人和音乐人，能够创造出一流的内容。这些一流的内容如果能够描述一个城市和乡村的时候，那么，美好的体验也就诞生了。

我在大文创创新管理模式中引入了一个新的角色：文化商人。这是个分裂的词汇，因为文化商人需要横跨两个巨大的价值体系。将两个跨界的大体系连接在一起，形成新的体验性产品，并且能够得到市场的认可，这是一种矛盾但统一的工作方式。从管理的视角来看，管理好文化产业，需要一种新的领导力。

对于文化体验经济带来的经济价值，几乎所有的经济学者都是有共识的，但是在如何产生"酷经济"的路径议题上，却是有很多分歧的。

从服务经济向体验经济的转型，少数发达国家已经在前面做了很多的有益探索，瑞士、韩国、意大利等国家就做了很多的工作。我们在后文将讲述他们如何开拓体验经济的故事，这些国家拥有比较先进的工业体系，但是在文化体验经济方面的努力，一直就是顶级国家战略。

北京大学哲学系教授陈少峰先生，多年以来一直关注文创经济的发展，也成立了专业的文创咨询公司，专门针对文创经济进行深度讨论，企图探索出一条文化产业的中国特色之路。陈少峰教授认为，对于中国文化产业经济而言，其中最难的一个节点，就是如何激活内容。激活内容产业是整个大文创产业变革的难点。大文创产业是自带自己的发展观的，这种发展观要求市场中的各个主体改变自己的发展思路。改变企业的管理模式，需要将文创经济放到和芯片等高科技产业一样的经济地位。在针对大文创产业的产业金融和服务领域，建立服务型政府和服务型管理，发挥企业主体的创造力。

创造内容，继而激活内容，对于中国一些城市和乡村来说，是一个值得深度思考的价值点。文创经济的发展，不仅要有前瞻性的思维，有很强的勇气，还要有足够的耐力坚持下去，这些是发展文创经济管理者本身必然要具备的素质。

对于体验经济的产出，依赖于后工业时代的生态型发展模式。陈少峰教授认为："用工业时代的绩效考核方式，通过实体视觉化的方式，用实体思维来主导文化产业的发展，是目前中国文化产业界普遍的一个现象。因为不好考核，就回到上一个时代，用旧的考核方式来对待新产业。"以各种商业地产为例，在众多的竞争者中，突出文化主题的商业地产，常能从千篇一律的娱乐、购物、零售等通常定位中脱颖而出，成为商业地产项目中的卖点和增值点。这是因为文化主题的设定，将使地产综合体的所有服务都围绕这一主题而展开，以加强购物者酷的体验。出发点虽好，但结果不一定如愿。

由于工作关系，经常在全国各个城市做文创产业的咨询和顾问工作，很多城市项目在遇到瓶颈之后，才会寻找真正的文创资源介入，文化搭台经济唱戏，其实文创需要成为真正的主角才成。

在行程之中，我有一个很深的感受：在发展城市的体验经济中，第一步如何迈出是非常重要的，大文创产业的开局不一定要从硬件开始，从软性资产的导入是比较好的路径。城市的文化平台是软硬兼备的，城市的文化平台是什么？城市的文化综合体是文化平台的孩子，相互之间的关系是需要搞清晰的。

工业思维实现高绩效需要进行资源整合，这是整合思维，是产业经济中的基础思考模式。文化产业的思维则需要超越这种思维模式，将整个文化产业变成一个活体，一个有机的生命体，一个城市需要变成一个人格化的城市，城市品牌需要有灵魂的内容填充。

文化产业是一种潜移默化的渗透，能够创造一种让人向往的生活方式，至少也要让在城市中行走的人能够短时间融入进来，对于这里的文化产生深切的体悟。产生"做一周苏州人""做一周蒙古高原上的牧羊人"等这种美妙体验。每一个人只有一生，但是可以在穿行不同的城市乡村中体验不同的文化，变成"活过"无数辈子的人。在消费升级的过程中，人们未来的大部分收入都会用来购买这些美妙体验。

可持续才是好产业

一个有文化感染力的城市或者乡村，会让进入其中的所有人都变成诗人，这就是文化产业独有的心灵穿透力。科技产业里强调"理性的力量"，但诗人和出版人沈浩波先生在接受媒体采访时给出了自己的理解，他说，"我觉得感性是一种力量"。

沈浩波说出了自己对于都市中人性的洞察：我觉得感性是一种非常强大的力量。"看数字，看系统，看依据"，这样的人往往是极其感性的，但实际上往往他背后的感性是更可怕的。沈浩波认为，伟大的作品中，其主导的力量是感性的，感性是永恒的，理性是间歇的。

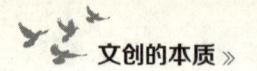

一个人是一个消费者，消费者最后的购买行动，是在最后决断的时候多数都是基于感性和直觉的。文化产品和文化地标是一种召唤，并不会随着时间变化而变成一个老化的产品品牌。文化产品和文化城市一旦被世界市场认可，就会是一个可持续的事业。

熟悉欧洲史的人，肯定知道美第奇家族（Medici Family，又译为"梅迪契家族"），去欧洲的旅行者，如果到了佛罗伦萨，其实就是一次对于美第奇家族的纪念之旅。从15世纪开始，这个城市就和这个家族形成了一个相互缠绕的关系，如果没有这个家族，这个美丽的城市就会逊色许多，它也不会有如此丰富的文化遗产；如果没有这个城市，我们每一个游客，也就不能够在进入这个城市的时候，对于这个家族的历史进行凭吊和探求，也就失去了站立的位置。

美第奇家族统治了佛罗伦萨300多年，这个家族在背后加速推动了欧洲"文艺复兴"的进程。这一点也不夸张，统治一个城市，需要极大的理性精神，生意是理性的，在政治中的热血和冷血，也是理性的，政经的搏杀，这变成了家族故事；这个家族在主导城市政治和经济的过程中，大量投资给各种学者、艺术家、科学家和文学家，成为他们的供养者，让他们能够独立完成文化艺术的创造，其中包括很多雄伟的建筑。该家族连续十几代继承人都极力支持美和艺术，他们对此有着强烈的热情。

而触发美第奇家族持续对文化投资的动力，恰恰是出于文化上的理由。银行业的利息逻辑和天主教的教义不符，这里有一种为家族赎罪的心灵需求，从家族传人科西莫·德·美第奇（Cosimo de' Medici）开始，就通过大量投资捐钱修建修道院和绘画建筑领域，家族也在这一过程中完成了审美能力的升级。正所谓"赠人玫瑰，手有余香"。

美第奇家族最重大的成就在于艺术和建筑方面，还在这里创立了欧洲最早的艺术学院。在促进城市的发展中，美第奇家族不间断地投资文化艺术领域，这促进了城市文化的繁荣，城市在知识领域不断扩张，形成了对于欧洲其他城市的知识碾压。在这个投资里面，用现代语境来说，这个家族是"文艺复兴"背后的"天使投资人"。这个家族点燃了火种，推动了一个文明持续500年的繁荣。

站在佛罗伦萨古老的街头，花之圣母大教堂令人震撼。100年前，徐志摩来到这里，将这个城市称为"翡冷翠"。这个城市一直是欧洲的文化宝石，一个由美术馆、博物馆串连起来的城市，让城市有了永续繁荣的文化根基。徐志摩知道，在中国的历史上，也曾有一个大宋王朝，国家对于文化领域的持续投资，造就了宋朝极大的经济和文化繁荣，将东方文明推向了文化之巅。对比之下，诗人肯定有很多感慨。

这里举出佛罗伦萨的文化案例，只是为了说明，政府管理者需要对于城市可持续发展具备更加深切的认知，城市在构建文化投资的领域需要大胆一点，因为文化经典往往是在高于经济追求的思考基础上产生的。

维系家族和城市的荣光，这个内在的价值不是基于理性的计算，而是基于自己内心的直觉。文化投资者需要将自己留在历史里，从现在就构建历史，这是一项有着超越意义的事业。文化的背后驱力，当我们追寻到核心，就会发现，这是感性的表达。地标永远在那里，文化永远在那里。文化投资者所创造的，是一种几乎永恒的事业。今天在文化领域投资，包括被认为大兴土木的事情，或者对于短期看不到绩效的文化投资，这些在认知上需要被重新审视。

可持续发展原本是一个大概念，用于描述整个社会、经济的发展，但后来也用于描述产业、产品的兴衰。而可持续才是好产业，这是企业界的共识或常识，也是共同的愿望。至于可持续发展模式具体到怎么做的层面，不同的人会有不同的理解，但从全球发展模式横向比较来看，能够持续繁荣的城市都是文化城市，因为文化城市的内核在于发掘人的创造力，关注创造力的发展模式，这本身就是一种人文精神的体现。向自然资源要价值的矿业城市和文化城市，从对于两者的比较研究中就能够获得这个结论。

对于可持续发展模式，其实也没有什么模式。正如我一直跟城市负责文化工作的人说，城市的文化平台是什么？其实，能够将各个不同的资源组合在一起的平台，对于初步构建系统是有价值的。

创造者只有在做创新的事情，他才会得到心安和快乐，这就是企业家精神的体现。文化人首先想干的事情，就是在文化产业中寻求立身之道，其他的产业可能也不会想着去干。城市文化基金应支持这种文化商人将文化价值最大化。

来看下面的例子：

沈浩波先生于2007年创立了磨铁公司，这是国内知名的出版机构，在文学领域集中了很多有代表性的"70后""80后"作家。这些作品的积累和著作权的经营，已经让沈浩波从一位出版人变成了一位出品人。

在十多年的发展过程中，沈浩波先生和旗下五六十位作家群体积累下来几百本小说著作权，而著作权已经成为磨铁公司的战略资产。将文化变成资产的过程，让磨铁公司的企业价值迅速达到了数十亿人民币。沈浩波先生认为，一个不能积累资产的公司是无法拥有未来的。

这些著作权就成了资产增值的矿池。对于这些著作权能够做出多少的价值转化，就是文化经营者的本事了。转化和衍生就成了磨铁出版接下来的事业，这可能需要几十年的时间。

张嘉佳是知名青年作家，也是磨铁合作的作家群体中的一员。其作品很多，被称为"微博上最会讲故事的人"，其出版的作品多数都是讲述21世纪初的爱情故事。同龄人很容易轻视这些文学形式，认为这些成不了经典。其实，经典都是时间流逝之后，人们想要回顾一个时代的时候，再次阅读的时候，才会成为经典。

他的《从你的全世界路过》是一本都市情感小说，小说出版之后，这种暖暖的但是有不乏撕裂痛楚的爱情故事，使之一下子就成了畅销小说，销量达到了200多万册，年轻人分享这样的故事，并且在故事中认领了属于自己的角色。

"如果你要提前下车，请别推醒装睡的我，

这样我可以沉睡到终点，假装不知道你已经离开。"

读者记住了张嘉佳的故事，也记住了很多心动的句子。

沈浩波的故事库有许多好的爱情和青春、成长和奋斗的故事，这些总是能够吸引更多人的眼球。同时，大量的出版也让磨铁公司有了一定的经济基础，能够完成企业从一个出版公司向一个泛娱乐公司的转型。这是一条轻资产向重资产投资产业的转移，也是一条独特的逆袭之路，因为在文化产业当中，谁拥有好内容，就会具备更好的战略势能。

王长田先生是光线影业的创始人，对于影业公司来说，好故事是一切价值创造的基础。王长田盯上了沈浩波的故事库，两人本来也就是朋友，基于产业链的合作，决定将《从你的全世界路过》变成一部影视作品。制订计划是2015年的事情。

顺理成章，作为原创作者的张嘉佳也成为一个新的角色，他变成了电影的编剧。由张天爱、邓超等主演的这部电影在2016年上映，票房为8亿元。

在这之前，2011年，当时的四川省领导者刘奇葆先生提出"北有九寨黄龙、南有稻城亚丁"的全省旅游总体发展战略，并对打造金沙江流域大香格里拉国际精品旅游区提出具体要求。沈浩波、张嘉佳和王长田三人的合作行为，成就了远在四川省甘孜藏族自治州稻城亚丁，这个地方位于香格里拉镇境内，是中国香格里拉生态旅游区的核心区。其实，稻城亚丁早在2011年之后就开始陆续被大众游客关注，但是要说火起来，变成和九寨沟一样齐名的自然风景区，变成游客去川西南的必达目的地，那就是电影发行之后的事情了。

小说的出版，推动了小批文艺旅行者进入深山的脚步，当时，稻城亚丁的旅游不温不火；到了2016年，当电影开始上映的时候，以稻城亚丁为目的地的旅行也就彻底火了。因为这部电影有五分之一的场景是在这里拍摄的，几乎所有的浪漫爱情的场景，是在这里展开的。这个自然风景区，本来就是大雪山和草甸组成的风景，在张嘉佳的笔下，以及在光线影业的镜头里，这个地方已经被定义为爱情的朝圣之地。

而今，当旅游旺季到来的时候，稻城亚丁是人满为患，随着收入的增加，收益开始增长，民宿、道路和基础设施、山货销售等，几乎所有的人都感受到了文化旅游给这个遥远地区带来的发展活力。不少外地的文化人在当地建立了主题民宿和特色文化风格的场景，让人也成为景区的风景。自然因素一旦被融入深厚的文化因素，只要管理得当，就是永续经营。

这里，我们就理解了沈浩波先生所言的"感性的力量"。感性被一些人描述为有问题的能力，沈浩波说，这是人们在开玩笑，鄙视感性能力，这是缺少创造力的表现。在一开始看到小说的时候，沈浩波对于这部小说的评价是：文字中有一股感性的东西，你可以把它理解成一种感性能力，当然我一看就知道。

从稻城亚丁的经济成果，我们在逆向分析经济发展的同时，能够找到一些源头的力量。这在大文创管理模式中，是值得深思的一个现象。文化产业的特点，就是在哪里创作，在哪里转化，在哪里产生结果，这都不是限定的，文化产业是不同的产业分工形态，这个形态是可以不限定在一个企业当中的。但是作品是将不同的产业元素整合在一起的跳跃的连线，是文化产业转化的一个特殊的现象。

这是我和城市管理者交流的时候，一直问的一个问题：城市的文化平台是什么？不同的文化企业，它们可能在北京、在上海、在旧金山，但是城市能够以什么样的方式，把这些散落元素组合起来，以作品为核心，展开一个城市故事，并且让它成为城市发展的永动机。

沈浩波、张嘉佳和王长田等共同完成的一部作品，成就了稻城亚丁以及周边区域的旅游业，做了锦上添花的事情。在我看来，他们做了一件很伟大的事情，就是将一线城市的文创资源和中国遥远的乡村进行了深度的连接。我们肯定需要思考，基于大文创管理模式的发展，谁能够成为受益者。对于中国文创人来说，推动乡村发展，以一种人文经济带动发展的模式，是一件有功德的事情。

城市与人的问题，有很多专家都在前面做了大量的研究，我就不去再深入展开了。我觉得自己最重要的实践着力点在于连接"城市和乡村"，先进的文化资源能够和滞后地区的文化发展之间建立一种桥梁，推动中国人的共同富裕，这是一件有着社会意义的事情。

大文创的生命力和源泉

创新是这个社会的主要驱动力，通过观察科技企业的发展历史，会发现一个规律，科技企业是不断换主体的，有根基的文化企业是不换主体的。从微观经济学来思考，能够跨越一个科技产业周期的企业比比皆是，能够跨越两个周期的科技企业已经很少了，能够跨越三个科技产品周期的企业已经寥寥无几了。换句通俗的话，奋斗在科技顶峰的人是勇敢的冲浪者，而优质的文化企业是在药房里坐而论道的老中医，日久弥香；科技产业就如一年一度开放的满山杜鹃，能够让一代人产生美的震撼；而文化事业则是千年不死、千年不倒的胡杨树，也是一样的壮美，在其背后，有着人类深层的精神世界。

一个能够为人类创造历史的公司，自己也不一定能够续命，这就是科技竞争的残酷性。例如，美国的AT&T公司，曾经是科技时代的领头羊，可能年轻一代已经不知道了。但如果提到AT&T公司旗下曾经全面引领美国科技领域发展的贝尔实验室，那就大名鼎鼎了。晶体管、激光器、太阳能电池、发光二极管、数字交换机、通信卫星、电子数字计算机、蜂窝移动通信设备、长途电视传送、仿真语言、有声电影、立体声录音，都是贝尔实验室里的原创性创造，贝尔实验室里的科技巨人更是变成了一个群体。尽管如此，AT&T公司及其进化而来的朗讯公司，也没有赶上一波又一波的技术浪潮。

在科技行业里，一代新企业的兴起，是以上一代企业的死亡为代价的，技术创新的领域是不允许垄断的。在美国，美国司法部对于自己的大企业痛下杀手已经不是一两个案例了，谁要垄断就会被拆分，目的就是给新的创新者让路。

美国有一半上市公司在进入市场之后的10年内就消失了。我们如果查阅科技史和高科技公司的统计资料，可以很容易得到这样的结论：百年科技企业中，只有极少数企业存活下来，比如通用。百年企业很多都不是在科技企业中产生的，但是百年企业大部分都是文化企业。

美国哈佛大学的雷蒙德·弗农（Raymond Vernon）教授通过观察和统计发现，在美国工业的黄金时代，科技快速进步及市场竞争让产品从畅销到滞销的时间周期不断缩短。在其论文《产品周期中的国际投资与国际贸易》中，首次提出产品生命周期理论。弗农之后，就产品生命周期不同阶段的具体区分，产生了多种不同的方法。按照市场营销学的划分，产品生命周期分为导入、成长、成熟、衰退等四个阶段。被誉为"现代管理学之父"的彼得·德鲁克（Peter F. Drucker）对于这个周期提出了自己的看法："当产品进入市场的时候，就应该考虑它的退出时间。"在经济学界有一句很直白的话——发展就是把握周期。

显然，对于县域经济来说，这些区域不具备和一线城市进行科技竞赛的能力。硅谷、深圳、上海、北京、东京、特拉维夫等这些科技城市，具备所有的科技创新要素，对于全球顶级科技人才都有吸引能力。对于县域经济来说，如果想要找到可持续的发展道路，只能发展反竞争和抗竞争的经济形态。

文化的因素可以说是无所不在的，任何一种产品、任何一种生活方式、生活的任何一个方面，无不渗透着文化因素，这是一种关键的因素，无所不在，又不可替代，渗透到各行各业中。大文创最典型的经济形式就是文化产业。在所有的产业形态中，文化产业最有可能成为县域经济的立身之本；当然，文化产业同样也是大城市发展的立身之本。

文化经济是一个古老的概念，中国人最早发明了纸张和印刷术，"洛阳纸贵"这一成语生动地说明了中国文化产业的繁荣，所以文化产业和文化工业一直伴随着中国数千年的发展历史。在西方语境中，"文化产业"一词产生于20世纪初期。当时，马克斯·霍克海默（M. Max Horkheimer）和西奥多·阿多诺（Theodor Wiesengrund Adorno）在他们合著的《启蒙的辩证法》一书中，提出了文化产业或文化工业的概念。对于中国来说，这种概念已经是滞后历史千年的总结了。

每一个地区，都希望找到可持续发展的模式，人与环境和谐发展的概念，是一个基本的追求。基于文化繁荣的本地化发展是本书的一个基本的思考点。

国际自然保护同盟在1980年提出可持续发展的概念，其纲领性文件《世界自然资源保护大纲》指出："必须研究自然的、社会的、生态的、经济的以及利用自然资源过程中的基本关系，以确保全球的可持续发展。"

我将文化产业和文化工业的考察实践做成本书，将本地化发展、可持续发展和文化产业进行跨界的系统性思考，变成一个可执行的发展系统。这里有必要对于文化产业做一个介绍。

联合国教科文组织对文化产业做出如下定义：文化产业是按照工业标

准生产、再生产、储存、分配文化产品及服务的体系及相关活动。

按工业标准从事文化产品的生产、流通、分配、消费及再消费的观点进行界定，文化产业大体上可以划分为三类：

一是以劳务形式出现的文化服务行业，如演唱、舞蹈、戏剧等的演出，还包括体育、娱乐、经纪业、创意设计、策划、广告等行业。

二是生产和销售以相对独立的物质形式呈现的文化产品的行业，包括生产与销售影视及音像制品、动漫、图书出版、报刊、广播电视、游戏等的行业。

三是向其他的行业和各种商品提供文化附加值的行业，如装饰、装潢、文化会展、文化旅游、农业文化创意、形象设计等行业。

文化产业是个大的经济范畴，而不局限于具体的产品。文化产品深受文化氛围和环境影响，需要体现时代潮流，反映当代的旋律，具有时尚特性，有时还需呈现实际文化消费和文化需求的错位，这都需要依靠创意来实现。而一个好的创意，需要扎根于传统文化的土壤，深度挖掘文化的深层内涵，并整合现代的流行元素。只有这样，才能产生多种多样优秀的文化产品，从多层次、多方面、多渠道满足消费者的心理和精神需要。这样的文化创意必然能够贴近生活、贴近现实、贴近大众，成为解决人们文化贫乏和精神渴求之间冲突的有效途径。实现文化产业的可持续发展，必须强调文化产品的创意，并在新的创意中求发展。

本地化发展、可持续发展和文化产业构成的跨界系统，是县域经济和中型城市未来发展的一个路径，至少具备一个参考的价值。在这三个系统的基础上总结出大文创创新管理系统，这个系统能够支持高科技城市的文化产业发展，更重要的价值，在于能够为后发展地区找到一条可持续的发展道路。

反竞争实际上是在寻求一种相对垄断的发展模式，抗竞争的模式是一种追求自身独特性和差异性的发展模式。在充分竞争领域，全球主要发达国家都是不允许垄断的，但对于文化上处于相对垄断的地位，却基本都有支持性的政策，通过公共财税减免和财政补贴的方式，推动文化产业的发展。中国在这个产业领域中也一样出台了很多支持性的政策。

抗竞争模式也是文化产业中的一种常态。所谓抗竞争模式，就是在文化知识产权的基础上，发展出一系列的衍生产品。一般而言，文化产业具有自身独具特色的产业链，其上游由内容产业构成，中游则是制作和设计产业，下游主要是营销服务业及相关产业。整个文化产业链又通过文化IP的建立、成长、保护、转化和增值进行价值传递，建造起可持续发展的文化产业链条。

在美国，设立了各种国家艺术基金、人文基金用以扶持公益性文化的发展。美国没有文化部，对于文化产业采取间接管理的方式，对于非营利性的文化产业免税。美国以强大的科技实力和经济基础作为背景，在很大程度上左右了全球文化产业的方向和发展。美国的文化产业还具有下述特点：

第一，文化产业以强大的科技为后盾，美国的文化产品科技含量高。以电影为例，美国人将电影从戏剧中分离出来，成为一门独立的艺术，并积极地在电影中使用大量的科技特效为其特点。这种情形就是受到美国文化产业重科技模式的影响。

第二，具备多样化的传播手段。对于生产出的文化产品进行数字化，凭借美国的强大传媒机构，快速地渗透到全球各地。

第三，美国文化产业的市场化程度高。因为美国自身历史较短，没有太多的文化传统和文化习惯束缚，易于接受新的事物，也容易进行新事物的创新。美国的文化产业一开始走的就是市场化道路，其文化产品都是商品。

第四，美国文化产业的实用主义倾向明显。美国是一个实用主义气氛浓厚的国家，其文化产业也重视实用性，以服务大众和娱乐为主要目的。

公众接触文化产品主要是获得娱乐。对于大多数美国消费者而言，看电影只是他们的一种不定期的习惯，只有当电影是场面宏大的巨片时才乐于观看。

第五，具有外向型特点。美国文化产业瞄准全球市场制作文化产品，没有太多的美国本土特色，其文化产品可以迎合全球各地的大众。

文化产业之所以有强大的生命力，并不依赖于某个经营天才，而是源于"这山，这水，这人"本身所拥有的文化传承和独特性。从古代文学者的角度来说，他们承认"文章本天成，妙手偶得之"，这是一种客观的认知态度。杰出的文化产品并不是作者的独家创造，而是有深厚的文化土壤，任何政治经济主体都会自觉维护自己的生活方式，文化产品就是这种生活方式的集中体现。文化产业的发展是最具地理经济学中的经济概念的，地域发展最讲求的就是文化经济如何繁荣起来。人们都希望自己赖以生存的生活环境变得更加具备主流文化的特征，正是这种巨大的需求推动了文化产业的发展。

韩国的影视工业很发达，对于韩国经济的推动作用是不可估量的，其文化产业对于整个东北亚、东南亚、南亚地区都产生了非常广泛的影响。

韩国的影视公司并不是在市场中自然孕育出来的，而是"举国体制"的结果。任何一国的影视和文化产业的发展，其背后基本都有政府的支持。这更多是处于一种文化自觉状态，政府知道，支持文化产业的发展是没有副作用的。

推进科技高地和文化高地建设是韩国政府在经济领域的国策。韩国早在20世纪60年代经济刚起飞的时候，就下决心促进文化影视产业的良性发展。韩国电影振兴委员会（Korean Film Council，KOFIC）的前身是创建于1973年4月的电影促进会（Korean Motion Picture Promotion Corporation，KMPPC）。

成立电影促进会一开始的目的在于"文化防守"。当时美日和中国香港的电影电视剧在韩国攻城略地，韩国企业家和官员知道后果，一旦一个国家的文化市场被占据了，后面跟随的就是商品大潮；而且对于大众来说，一旦大众对一种文化产生亲近感，往往比商业战略更加持久。韩国官员认为："影视工业本质上是一种先导性的广告宣传。"

文化是经济经略全球打头阵的战略产业，文化吸引力之后伴随的是商业吸引力。正是基于这个共识，1998年，韩国正式提出"文化立国"战略。为实施这一战略，韩国先后颁布了《国民政府新文化政策》《文化产业发展五年计划》《文化产业推进计划》《文化产业振兴基本法》等十几部法律法规，并于2001年成立了"韩国文化产业振兴院"。其中，单独拿出影视产业，在1999年5月将电影促进会改名为电影振兴委员会，隶属韩国文化观光部。

之后，我们看到《大长今》《商道》等一系列作品在东亚地区传播开来。韩国在文化产业领域"转守为攻"，为韩国20年的文旅产业的繁荣发展奠定了基础。文化发展不仅带动了韩国城市点的发展，也带动了整个韩国乡村的发展，这是一种由点到面的发展进程。文化产业是人文主义的、全覆盖的、普惠的产业形态。

决心是主要的，人是主要的，虽然缺乏影视人才，但是大规模投入总会出成果。在20世纪90年代之前，影视产业推进并不明显。韩国政府还是比较有权威的，他们发现小的文化企业很难用上顶级资源，没有整合产业链的能力，也没有制定规则的能力。于是，他们就开始约谈韩国的大企业三星、现代、大宇等，这些类似于我们国内的A股龙头公司，让他们投资电影，建立影视产业的发展规则。政府出台相关的优惠政策，让大企业参与进来。

韩国90年代的几部最好的电影如《鱼》就是三星投资的。这些企业一开始也不是很理解，三星做芯片和电器，做得很好，为什么要求他们去做电影呢？民间总有不同的声音，并且指责政府做法，但是韩国政府不管

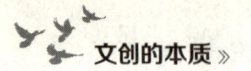

这事,继续推进文化产业发展。

三星创始人李健熙是韩国企业家的代表性人物,也是韩国推动"工业设计立国"的倡导者和践行者,同时也对电影产业很热爱,很多周末都是在电影院里度过的。这种懂得文化产业深层价值的企业家对韩国文化产业的全面发展起到了"领头羊"的作用。大企业带头,韩国电影焉能不盛!

李健熙在其出版的图书《思中看世界》中,说出了自己对于文化产业和电影的鉴赏感受。参与文化产业当中,能够改变自己对于世界的看法。一部好的文学作品,在阅读之后,能够给人力量,心智就会随之改变。李健熙改变了韩国的电影和工业设计领域,电影中的故事也改变了李健熙。

在书中,他说道:"毫无思考地看画面,电影画面不过是一连串的动画;从多方位、多角度看电影,就能理解整篇小说,甚至能进入一个小世界。当然,这样看电影刚开始有点难以招架,如果习惯了,就可以立体方式来思考了。坚持下来,听音乐、欣赏美术作品以及工作时就能发现新的次元因素。"

政府的责任、大众的文化自觉和市场的需求,是文化产业的力量源泉。我写作这本书的一个重要目的,就是呼吁中国主流的上市公司能够进入文化产业,推动文化产业的大发展。希望这些上市企业的董事长和董事会成员能够看到。在大文创领域,大企业是有力量的,在文化发展领域,大企业能够构建文化产业的规则,为整个产业构建健康的发展基因。

文创产业是能够跨越市场周期的,这是文化产业的好处,即使在经济低迷的时候,文化产业也能够成为稳定市场的基本盘。文化产业是具备连续性的事业,一项有价值的文化产业投资,能够带动几代人的发展后劲。

李秀满是韩国知名的文化产业推动者,在谈及韩国文化产业的发展模式时,他说:"早期韩国的文化产业发展,政府财政支持,加上大企业资金，构成了文化产业输血的主动脉，大量的文创基金和市场中的优质公司一起，推动产业发展，当产业成熟的时候，大企业和政府才会逐步退出，让企业成为市场中的主体。"

对于文化产业发展，国内城市也需要一种"举市体制"，以"你不想定义你自己，就被别人定义"的态度，来发展本地的文化产业。城市需要有李健熙那样的情怀——构建一个属于城市小世界的能力。

突破物理产品的需求黄昏

所谓物理产品，是指具有空间和重量的物质产品，包括一般技术产业中的日常制造业所生产的产品。按照意大利时尚引领城市米兰的定义，城市中设计师品牌带动的高品质制造业，叫作"都市工业"。

"夕阳产业"是最近几十年来经济学上经常被提及的词汇，一个市场在没有出现重大创新，进入供需平衡的时候，产业利润率会越来越低，产业越来越接近于"福利工业"的境地，企业很难获取利润，人们对于实体物理产品需求是有限的。购物狂并不代表主流的需求，正常的消费需求都是基于购买力的分配原则。未来的企业竞争，更多表现在对有限的需求进行价值分流的竞争。企业运营效率的竞争已经不再是满足于生产效率的竞争，而主战场已经转移到"意义经济"和"故事经济"领域了。

温饱经济以前，吃饭就是追求的全部价值；温饱解决之后，人们就需要生活得再体面一点，很多非必需的工业产品就成了生活追求。而一旦进入富足社会，人们的精神需求就成了主导性的需求。精神需求是文化产业引领的，在今天，不能提供精神需求的产品制造商是不可想象的。

随着工业的兴起，对农业产品的需要已经处于次要或相对不重要的位置上。食品消费占比越少，说明经济越好，"恩格尔系数"在总消费额中占比越低，大家就越开心。

工业经济也将遇到同样的命运，随着文化经济和数字经济的发展，物理实体产品在人们的消费比例中也会越来越低，精神产品和文化消费在整个消费结构中占比越来越大。"恩格尔系数"是个经济观察视角，也是一个参数；未来针对文化产业的发展，也会有一个参数。如果能够建立一个统计模型，对于不同的城市和经济体进行一个比较完整的评估，可以相对客观地反映出文化产业的发展水平。但我没有去做这样的参数统计学，所以不能做一个叫某个名字参数的统计体系。因为这个参数统计是未来型的，按照我的估计，至少还需要几十年的时间，数字内容资产和精神消费才能够成为经济中的决定性力量（见图1）。而文化消费统计正在成为地区文化发展的一个重要的经济统计数据。

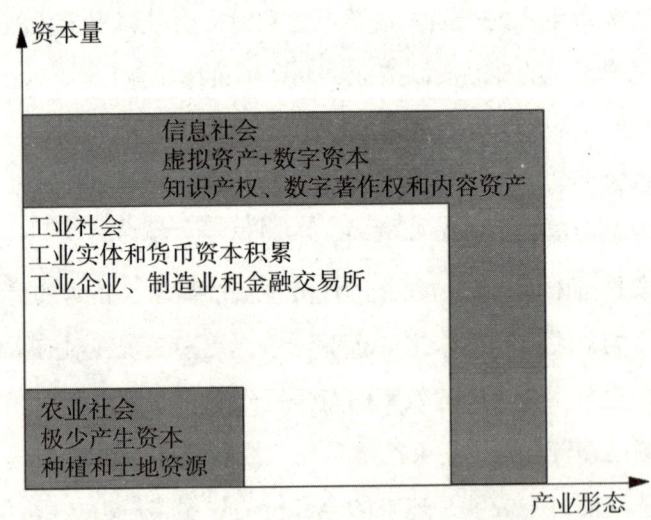

图1　数字知识资产是未来人类最重要的资产类型

物理产品制造商已经开始面临需求的黄昏，处于艰难生存的阶段，低利润企业在抗风险能力方面是薄弱的。而经济本身具备很多的波动性，使得很多城市中的都市工业面临很大的风险。企业站立的位置是很重要的事情，就算是充分竞争，占据了好位置的企业也有很大优势去继续把持那些位置。在现在和未来市场之中，引入文化因素到产品制造业之中，已经变成一个非常重要的出路。

虽然大众需求对于一般日常产品的需求已经稳定在一个区间里，大部分企业都处于一种维系运营的状态，但总有一些城市突破了这些障碍，成为不可复制的经典范例。整体的夕阳将至，但是一些地区找到了永续繁荣的道路，它们拥有自己照亮道路的夜灯。

英国第一次工业革命的一些工业遗址已经成为文物，通过这些文物，人们可以凭吊 200 多年前由蒸汽机和煤炭推动的工业革命。纺织品和毛纺产业曾经是英国的战略产业，但是到了今天，纺织品产业已经经过了好几轮的转移，大部分产值已经转移到了中国，以及其他薪资水平更低的发展中国家。

米兰这个城市的发展模式有值得借鉴的地方。按照工业时代的产品类别分析，纺织品是第一次工业革命时代的典型产品，按理说，这样的产品体系不应该获得超额的利润，但米兰这个城市就完成了自己产业的文化改造。这种文化改造，放在中国的语境之中，就是"产业升级"。

纺织和成衣等都市工业在米兰城市能够保持高质量发展，其核心在于产业已经发生了根本性的转变，在米兰城市官员的眼里，纺织工业和鞋类这些典型的手工和劳动密集型制造业，已经在城市总体的时尚品牌之下，变得又酷又赚钱。

在米兰，中小企业占据主导地位，其中有很多几辈子传承下来的小家族企业，他们精于设计和制造一些皮带、服装和制鞋产品。对于发展家族品牌，当你坐下来和这些企业主进行聊天的时候，他们会从书柜中拿出自己的相册和记录，告诉你自己这个家族曾经服务过的那些世界级的名人。几乎每一个小的家族品牌都会告诉你，他们的背后是意大利的个性和精神，他们的家族在过去一两百年的时间里做了很多让家族感到荣耀的事情。

尽管这些产业按照中国人的看法，都是一些中小企业，普遍的营收不高，大多数在几千万美元的营收总额，但是这些大量的有历史文化沉淀的企业群体，却构成了米兰和整个意大利都市工业的繁荣。

有文化沉淀的中小企业生态系统的建立，对于我们国内的城市发展具备很强的借鉴价值。

国内T恤的出口利润很薄，根据有关资料，出口一件衣服，加工企业仅能够从产业链的利润中获得5角钱的收益，市场价格竞争和效率竞争，最终并没有给企业带来丰厚的利润。低利润的企业在对抗市场价格波动风险时，显得异常脆弱。我也接触过国内很多传统产业的制造商，他们跟我抱怨说进入了错误的行业，实际上，他们并没有思考过文化突围，而是完全在微观层面用一种差异化的方式来实现发展。

意大利米兰信息交流学院教授桑迪尼说："意大利每一个有个性的东西，在历史上都有地位，艺术是世界著名的，艺术家用艺术表达人的个性，手工艺人用手工艺品表达自己的个性。"

米兰时装周是一个事件品牌，已经有了久远的历史。时装周之类的文化品牌价值的创造，也是我多年来一直研究和实践的课题。对于很多古老的文化城市来说，用事件品牌重新启动城市的文化发展，这是一个比较适合的道路。这是属于城市自己的独特展示舞台，有了这个舞台，城市散落的文化资源和产业资源才可以按次序逐步组合起来。

米兰时装周一开始就是一种成衣的展销活动，意大利在20世纪60年代末就碰到了成衣产品产量过剩的问题，这些问题和我们国家的很多轻工业城市遇到的问题是一样的。在经营之中，城市管理者和企业家都发现，以产品为核心的竞争模式已经走到了尽头，作为工业城市，如何进行转型，一直是一个问题。显然，更高效率的竞争不是唯一的出路。米兰最适合的道路，就是在效率优先的情况下，走出文化突破之路。

从以产品为中心到以人为中心，这是米兰轻工业转型的一个重要的举措。也就是在1967年，这是公认的城市作为世界时装制度的崛起之年。在50年之前的米兰，城市的文化规划者就已经不再争论个人品牌的价值了，并不是他们有先见之明，而是处于那样的发展阶段，他们不得不思考这些市场结构的问题。以人为中心带动时尚工业的发展，在攻占市场的时候，比产品品牌更加容易实现渗透，能够更加深入到用户的心灵层面。

米兰很多世界级的时装品牌由此诞生，这些被冠以"设计师品牌"的成衣品牌，一直成为城市的文化象征。从匠人到品牌设计师的转变，抓住了文化产业发展的精髓，这一步棋，米兰走活了。在本书里不再列举品牌设计师的故事了，他们的发展历程可以在其他专业书中去详细阅读。

实际上，发展从来都不是均衡的，对于文化资源的抢夺和城市品牌建设，一直都是先占先赢，城市的竞争和企业的竞争，某种层面上也是相似的。米兰成为"时尚之都"，也是城市的管理者不断争取的结果，时尚之都并不是自然产生的，它也是一种主动构造的文化工程。佛罗伦萨和罗马拥有和米兰同样悠久的历史，20世纪50年代，意大利时装中心并非围绕着米兰，而是佛罗伦萨和罗马，这两个城市拥有更多的服装和纺织工业基础，但是他们转型的速度还是慢了一点。处于意大利北部的米兰却首先抢得了这个机会。

既然城市的定位转向了时尚文化定位，那么现代出版社和杂志社是少不了的元素，以创意为基础的服装设计公司、工业设计公司、广告公司开始在城市聚集。创意人群的汇集带动了城市文化的繁荣。文化繁荣带动了全球游客的到来，古建筑群在游客的经济贡献之下，开始焕发出新的活力。大型机场建立起来，可以向全球运送高价值物品（比如一双皮鞋零售价格可以超过1000美元）。文化繁荣让城市更加自信，也变得更加开放。

在米兰，无数的小企业为了自己的企业绩效进行奋斗，设计师飞来飞去，参加一场又一场展示活动，他们如工蜂一样努力工作。我们在看待每一个设计师品牌企业的时候，也不觉得他们有三头六臂，其创始人和继任者也只是一个普普通通的中小企业家，和国内很多设计师、服装企业主比起来，也是一样的工作方式。

但是成千上万的文化企业在一起集中发展，形成了一个更加高级的"新物种"，产生了更高级的"集体智慧"，这个集体智慧产生的结果和任何一个企业产生的经济成果不同，但正是这种不同，产生了更加高级的竞争系统，这种竞争系统是排他性的，这形成了一种独特的文化霸权，这种结果是出乎当初城市规划者的意料的。这种结果是自然涌现出来的，并不是有意构建出来的。这里我们能够发现文化产业催生出来的奇迹。

谈谈审美霸权的问题，这是米兰文化产业集群之后得到的结果。说点轻松的事情，其实跟米兰也是相关的。

中国大众总是抱怨，为什么西方时尚圈选择的中国模特或者东亚裔模特，都跟我们本土的审美风格不符。小眼阔嘴高颧骨的面孔，在东方被认为不太美的脸，却被西方时尚界定位为"高级脸"，其实一开始看到这些国际超模，也是不习惯，但是时间长了，也就慢慢接受了。但在接受的时候，就变成了审美困难，也就是你很难再用原来的标准去衡量什么是美了。尽管长相美丑是天然的，但是审美却"被带到沟里"，这是一件严肃的事情。

文化产业是有价值导向的，这是不同于其他产业的价值所在。实现审美霸权之后，就能够实现审美引领，这是一种高维度的竞争态势。二维的平面上的事情，到了三维空间展开了，就有了很多美和风景，这是低一个维度无法体验到的事情。米兰获得了城市的审美霸权，时尚是什么？米兰引领的，就是时尚！

审美权力是市场竞争下的一个制高点。流行和时尚是一种被定义的结果。比如乞丐裤子上满是洞洞，这样的穿着，在之前的审美价值中当然是不可理解的。同样的道理,中国人之前穿衣服,上装配套的衣服,里面的衣服一般不要比外面的衣服长,这是常识,但是在韩流影视广泛传播之后,也就接受了。从商业的角度来思考,他们不仅可以利用审美权力定义产品形态,也能够定义产品价格。

文化竞争的最终形态是审美竞争。当一个民族男性觉得另外一个民族的女性的长相代表美的时候,或者当一个民族的女性觉得另外一个民族的男性长相代表美的时候,这就相当于建立了文化审美领域的优势,这就是一种审美俘获,是任何商品价格优势所无法弥补的。核心审美观是可以在悄无声息的文化传播中被改变的,比如女性中性化或男性中性化是一种审美导向,对于商品设计而言,主导文化价值观的企业就能够得到竞争优势。

从这个角度来讲,本书也在提倡一种文化自信,文化自信的价值是无限的。否则,收入高一点的家庭,其购买行为就会被带到国外品牌的文化认同上了。守住审美权力,并且实现审美权力的扩张,这是一个中国当代文创人的社会责任。

可以说,在今天的时代,物理产品都进入需求的黄昏之中。价格战模式对于很多企业来说,已经走到了尽头。传统企业要学会逃离这个区域,在新的领地去建立新的文化城堡,挖出深深的文化护城河,这是一种突围之路。

相对而言,人们的精神和文化需求不断高涨,需要众多的文化产品予以满足,这就催迫着文化产业快速发展。人们对文化产品的需要既巨大广阔又丰富多样,预示着大文创产业时代的到来。文化产业以虚拟资产为基础,其文化 IP 表现出了难以估量的价值。而文化资产与资本的结合,使大文创产业成为时代的主角,文化产品取代物理产品的地位,成为人们主要的需求对象。

无中生有是创意经济的本质

我们都是文化属性定义的个体,作为出生在这片土地上的人,我们是中国文字和经典文学、人文学和深厚历史构成的中国人。人对于文化的需求,根植于自己出生的土地和文化历史。

詹姆斯·马奇(James G. March)是当代管理学大家,在大学教授学生商业领导力的时候,他很少举企业家的例子,而是谈一些经典的文学作品,比如他讲课的内容,不断谈及塞万提斯的作品《唐·吉诃德》(又译作《堂吉诃德》《堂·吉诃德》等),在作品中,唐·吉诃德是通过叩问自己的内心,然后展开行动的。他用"我知道自己是谁"来定义自己的领导力,而不是根据环境变化做一个适应者,领导者是主动的变局者。正如这本书写作,作为文创人,以"我知道我自己是谁"的方式来完成它,希望自己在一个文化经济时代到来的前夜,在观念上,做一个抛砖引玉的人。在行动上,做一个在夜晚就起床出发的人。

文学和概念的创造,起源都是一颗热情的心。

詹姆斯·马奇在接受访谈时曾经说过,自己很少读企业家的传记之类的书。他不读企业家的书,觉得那些写作是浅层的东西,都是经过了粉饰和扭曲,或者只是观察者的单一视角呈现而已。要了解一个深层的文化现象,那就读这个民族经典的文学作品。那是一个民族共同的文化属性的来源。在詹姆斯·马奇《经验的疆界》这本书里,作者谈了两个核心——美妙故事和技术模型,这是构成社会最大共识的基础工程。一个是生命意义的诠释,一个是实现价值的路径。两个都能够凝聚人类群体,引导人类行为。

谈到人文发展和创意经济对于城市经济的贡献,恰如基础科技研发对于应用科技领域的引导作用。经典的文学作品在经济层面上同样起到基础科研的作用,只不过这种逻辑链是暗藏的,一般的分析模型可能不会认为二者之间有着深层的关联关系。

正如物理学中的暗物质,我们现在还探测不到它,但是它却是保证星系完整性,不至于自我撕裂的引力基础。传世作品的创造者,在为社会创造价值的贡献值上,很难和企业财务一样,直接能够量化,但是这种间接贡献也是巨大的,经典的作品创造了一个时代的共同记忆。

企业家精神到底从哪里来的,如果跳过所有的逻辑,说是天生的,那肯定是一种思维的偷懒。经典文化作品是一个国家民族文化属性的来源,处于文化属性中的个体会按照自己的经历来认领文化角色。

正是通过认领了文化角色,很多企业家才开始了自己的行动。企业家会按照一种文化自觉,按照某个文化角色的品格和行为模式展开行动,构建自己的事业版图。

这里讲讲马云和金庸先生的故事。金庸先生去世的时候,远在非洲旅行的马云发出了自己的纪念文字,讲述了自己的人生价值观受到金庸先生作品引领的故事,并一直说自己是金庸先生的粉丝。我们在这里转述马云的文字,其实也是对金庸先生的一种纪念,一种致敬。文学是一种启蒙,本身就具备排山倒海的深层力量。

先生其文也大,其人也真。我爱先生之文,爱它侠肝义胆,光明涤荡;我爱先生之人,爱他儒雅敦厚,赤子之心。初见先生,我如话痨,一人絮叨三小时,先生只笑着听,此情此景,如在眼前;此情此景,再难重现!

若无先生,不知是否还会有阿里。要有,也一定不会是今天这样,几

文创的本质

万人一起痴痴癫癫——创业，便要做别人做不得之事，侠之大者，为国为民；做人，便要至情至性笑傲江湖；朋友，便要肝胆相照至死不渝……

只因先生这样写这样说，我们便这样信了，便这样做了。

一群有情有义之人一起做一件有意义之事，"让天下没有难做的生意"。一言既出，此后经年，去挑战，去抗争，浑身是伤，屡败屡战，忍别人不能忍之委屈，成别人不愿成之事，唯不愿忍江湖不平正气不彰，少年心，英雄梦，惟愿我们能如先生书中侠客，以肝胆豪情行走于这天地之间。

了却侠骨柔情，快意江湖恩仇。

先生含笑，已然远去。

先生赐字"天行"于我，学生终身铭记；"信不能弃"的告诫，一刻不敢忘；郭靖，黄蓉，行颠，逍遥子，奔雷手，苏荃，语嫣……满满十五部书的花名，托先生之福，常在思过崖行走，在摩天崖争辩，在光明顶见客……

正直，情义，担当，洒脱……我们努力活出先生教会我们的模样。

惟愿，家国情、侠客梦、浩然气，融入阿里血液，化为百年精神……变成先生留在这个世界的另一种遗产，走完102年。

望先生，九泉之下首肯。一人江湖，江湖一人。侠者已逝，来者当追，江湖路远，侠义长存！

马云（天行）10.31 非洲

马云很小就是一个武侠迷，曾经是一个好打架的孩子。在学习英语的旅程中，也涵盖了拜师学艺的武者精神，只要一有时间，就蹬一辆自行车到西湖边和外国游客切磋英语，英语就是他的武功秘籍，让他因缘际会，创立了中国的电商江湖。在他的精神世界中，自有对于"侠肝义胆"的理解。

马云和金庸先生有 18 年的交情，"若无先生，不知是否还会有阿里"，相信这是马云的肺腑之言。"惟愿，家国情、侠客梦、浩然气，融入阿里血液，化为百年精神……变成先生留在这个世界的另一种遗产，走完 102 年"，马云谦逊地将阿里巴巴企业归结为金庸先生的一种文化衍生的遗产，这是一种极高的评价。

马云在年轻的时候，就在金庸先生的武侠世界中选择了自己的角色，这个人就是"风清扬"，马云最佩服这样的角色。那是因为风清扬作为武侠泰斗，他肯把自己毕生所学传授给新一辈，让阿里巴巴后继有人，达到"人才如潮涌"的发展情境。其实，这也为马云壮年退去阿里巴巴的主要管理者职位，专心教育、培育人才，提供了文化注脚。金钱地位如过眼云烟，唯利国利民的侠义精神永存，这就提升了一个人生命的维度。

阿里巴巴集团是有着 4000 多亿美元市值的国际主流公司，金庸先生为这个大企业提供了文化精神，这样的成就当然和经营者有关，也与他有关。创意经济的果实，在哪里发芽，如何发展和成长，虽然事先不好限定，但是我们作为文创人，知道文化产业其实是真正的支柱产业，文化产业为百业发展提供了观念空间。

因为有了金庸先生，我们走过襄阳，能够感受到一种精神，这种精神虽是虚构的，但提供的体验却是真实的，这里有一种为家国挺身而出的侠义精神。我们这个时代的文明需要这种精神力量。

同样，走过中国的名山大川，远至漠北、天山，近至五岳，都为中国人和全世界的游客提供了一种精神空间。文化和现实，从来就不是割裂的，虚幻可以变成现实，变成一种体验，喜欢甚至迷恋。如果从经济的角度来看，这里面蕴藏了巨大的价值。

对于城市发展而言，文化经济的发展，对城市经济的促进是多线程的，规划者不知道确定的成果发生，但是可以静静地等待好事的发生。因为这是一个无中生有的过程。

这里的"无"指的是无形，文化、思想观念、概念都是无形的。文化产业或创意经济生产和经营的是无形产品，其本质就是无中生有。文化产业生产的是非竞争性商品，如文化著作权、配方、软件等。与文化产业相对应的是生产物理产品的工业产业，在这众多的行业中，生产的是竞争性商品，如饮料、电视机等。竞争是市场经济的运行基础，在本书中，我们提倡自由竞争，但是也提倡发展非竞争性产业和商品，因为竞争性产业是一种稳定因素，而非竞争性商品是一种突破因素。

在针对创意经济的发展模式上，经济学家呼吁将创意经济和科技创新两种发展模式统一起来，因为这能够达到比较理想的发展状态。创意经济被划入了知识经济的范畴，在其发展形态上很绿色，具备可持续性，是和技术经济产品同样重要的经济成果。

1986年，经济学界典型的研究学者保罗·罗默（Paul M. Romer）在《收益递增经济增长模型》一文中提出了自己的新经济增长模型，他认为知识和技术研发是经济增长的源泉。到了20世纪90年代，他在经济增长模型中引入人力资本因素，使他的内生经济增长模型更具有代表性。

保罗·罗默是一个很有意思的人，喜欢争论和论战。他对宏观经济学研究学者的抨击很直接，批评他们是经济学界一部分"数字滥用"的研究者。

经济学统计中，不可能统计出金庸先生对于马云的精神影响到底创造了多少价值。那么如何看待一个文化创意的经济价值呢？虽然统计不到数字，但是也许能够提供类似于宇宙暗能量和暗物质的那种有力量的价值体系。

无法统计直接价值，这对于城市决策者来说是一个很大的困难，大众评价系统对于短期内不能够见效的文化设施的建设和支援，被认为是一种"看得见的手"太长的问题。我觉得，城市的管理者需要扛得住这种压力，理直气壮地去支持本地的文化发展。从理论上来说，这能够促进地区内人力资源的总体增长。人力资本决定增长率，知识溢出效应的存在是经济实现持续增长不可缺少的条件。我们换一个视角，金庸先生对于马云的影响，是文化产业对于科技产业的知识溢出效应。阿里巴巴的企业文化基因里，有自己创造的文化基因，也有从硅谷带来的创新基因。

如果说阿里巴巴是一个文化企业，那一定是一个很奇怪的判断。

杭州的商业土壤和文化环境成就了阿里巴巴，这个企业也成就了杭州，而且这种很奇怪的事情的发生地点不是与杭州邻近的大城市上海。阿里巴巴是杭州本土人才的人力资源增长带来的价值。保罗·罗默的新增长理论是在新古典主义关于外生技术进步的增长模型基础上发展起来的。一个城市的发展，招商引资是一种路径，但这些路径是不是已经渗透了城市的发展基因，还是说只是全球化分工体系中的一分子，只是冲着一些优惠政策来的呢？

保罗·罗默认为，一个城市需要发展，需要从技术的内生化开始，他始终强调以知识品或创意为基础来理解经济发展和增长的机制。

人类经济之所以没有进入悲惨的境地，主要突破力量就是创新，技术创新和创意经济提供了发展动力。根据保罗·罗默的内生增长思想，发展中国家为了实现经济的长期增长，需要具备一种使新设计或创意能产生和使用的机制，这就要求政府政策的制定必须重视科技投入和教育发展，并保护和激励创新。

英国《经济学家》杂志载文说："罗默先生的探索很可能是在为未来的主体增长思想构筑基础。"保罗·罗默因为提供了新的经济增长的模型，而获得2018年诺贝尔经济学奖。在写这本书的时候，我也和一些城市文投领域的管理者进行了交流，探讨如何从无到有发展知识经济和创意经济。我们得到了一些共识，即城市管理者可以推动城市的内生技术创新，也可以发力推动城市的文创经济发展，但是结果如何产生，是不确定的。

企业尤其是中小型文化企业，在运营上都是短视的，但这不是问题的根本原因，根本原因在于生存压力逼迫企业必须这么干。面对微观结果的不确定而宏观收益确定的情况下，有些文创产业就成为公共产品，政府提供公共产品是一个责任，产生新思想对于城市一定是有益的，所以支持人力资本发展的路径是对的，因为人力资本是产生新思想的关键投入要素。

当然，金庸先生当年创作作品，也是一种经营行为。其作品被拍摄成了很多影视剧作，几十年来，其衍生价值足够金庸先生过上理想的生活。这些单纯文创领域的衍生，在本书中就不再赘述了。

保罗·罗默谈到了自己的理论局限，他指出，目前尚不存在一个最优的制度设计来解决知识投资和结果之间的关联问题。对于知识积累和技术进步，通过市场激励是非常必要的举措，但是对于向社会上其他人无偿提供新的思想，则需要政府介入，完成"协助新知识产生的催生婆"这一新角色。本书中有一些探讨，也正是围绕这个主题继续展开的。我之所以提及保罗·罗默，恰恰和那些处于"霸权中心地带"的学者不同，无论政治还是经济政策，都一定要通过美国价值的过滤器，他比较尊重地区经济的独特性，鼓励地区经济的政府，敢于在知识领域走出自己的道路。保罗·罗默认为在追赶型的经济体之中，政府政策对鼓励有序的城市扩张有重要意义。我在本书中的论述内容中，关于后进地区的内生性的创造和发展模式，其中一个重要的思考来源就是保罗·罗默。

无限叠加的资本游戏

作为从业时间较长的一个文创者，经常会和国内各地文投集团、政府、创作者进行交流和合作，也一直操盘一些事件品牌和城市文化综合体的项目。我发现了一个有点尴尬的事实，就是跨界文创管理人才的缺乏。从文创产品的思考者，到文创产业的思考者，是一道门槛；从文创产业的思考者，到文创平台的思考者，又是一道门槛。当管理者思考产业和平台的时候，资本和金融就是这些管理者的必修课了。

在当下的市场之中，资本是一个宏大的价值范畴，用"资本思维"这样的词汇，无法反映和适应产业不同生态的具体资本需求。资本需要和产业规律形成一个完整的整体，产业金融服务于产业生态，这是共性规律。致力于大文创管理的管理者，需要深入理解文创产业的产业规律，然后组织资本运作，将企业打造成为一台造血机器。

文化产业金融和文化产业是一种共生关系，而不是处于产业上位的套利机器。经济学上将金融服务比喻成为血液系统，所有血液系统是类似的，其动力类型也是类似的，这是促进机体有效运转的基本系统。但是套利经济不同，套利资本则是飞升在产业上空"有机会就吸一口血"的蝙蝠，虽然在法律框架之内，但是他们是能够完美利用规则的人。文创产业中的业者如果一直和套利资本共舞，很可能会出现"成也萧何，败也萧何"的结果。文创人选择和什么样的资本合作，是个重要的议题。

本书中，我们提倡的资本游戏，是一种无限叠加的资本游戏。就是在确立文创知识产权的基础上，产业助力资本，资本助力产业，形成一个永续的良性循环模式。而不是套利资本和企业做一个约定，今年在肌体上注入 300 毫升血液，在约定时间内，再从肌体抽取 1000 毫升血液，然后走向陌路的两个主体。

投资高风险科技产业的投资者有了自己一套产业投资规则是可以理解的。但在其他的产业中，也出现了生搬硬套投资模式的情况。深圳有一个风险投资人梁老师告诉我，她投了一个项目，现在的回报率是 1000 倍。我苦笑了一下，在我理解的产业范畴里，不会有这样的回报出现。在文创投资者的眼中，他们需要自我克制，自动去追求一种温和可持续的投资回报率。

套利资本的思维在最近 20 年的产业变迁之中，也有了新的投资哲学，这就是信息产业的发展节奏和资本投资节奏的混搭思维模式。指数式增长模式是和互联网产业哲学配套的思维体系，摩尔定律和高德纳曲线即技术成熟度曲线（The Hype Cycle）是信息产业的指导性分析工具。一个分析工具分析节奏问题，一个分析工具解决时机和周期问题。

摩尔定律定义整个信息高科技产业的节奏，就像一个行业的鼓点一样，不能够按照这个快节奏跳舞的企业都死掉了；高德纳曲线则反映科技产品或新技术生命周期的规律曲线，可用来说明高科技产业或传统产业的生命周期，因为所有这些产业都是以科技作为驱动力的。根据这条曲线，可将一个理想的生产物理产品的公司，从创办到成熟分为 5 个阶段（见图 2）。而在现实生活中，绝大多数的公司和产品都会消失在前四个阶段。这为投资者进行投资提供了一个分析模型。

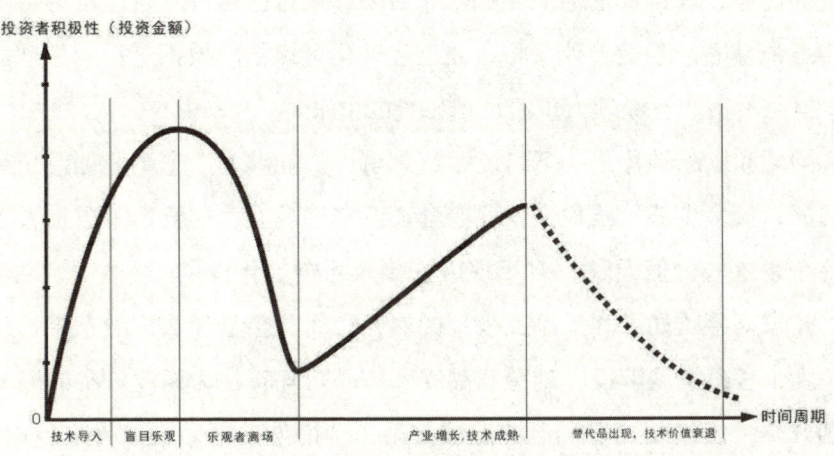

图2 基于高德纳曲线绘制的技术产品生命周期一般规律

在本书里，我也一直希望和业界的一些实践者、投资者和政府管理者，一起来探讨建立一个面向文创产业的投资模型。建立在对于一个文创产业全周期运营的战略基础上，将文创产业不同发展阶段的规律总结出来，变成一个所有人都能够使用的分析模型，同时保持开放性，能够不断将新的发展要素囊括进来，形成一个普适的工具。

对于资本本身，其实内容也是不断变化的。之前，土地和实体等直观之物被认为可以转化为资本；之后，知识产权成为和土地工厂一样能够转化为资本；接着，更加抽象的一些价值如知识和技能，也可以转化为资本。

法国文化学者皮埃尔·布尔迪厄（Pierre Bourdieu）在其所著的《资本的形式》一书中，提出了"文化资本"概念，和我们理解的货币资本不同，他将"人本身的知识和技能作为资本"的形式，在提出概念的时候，资本市场认为这是一种太随意的事情，产生了很多的争议。争议的原因在于，这个资本就如矿藏一样，挖掘成本是不可控的，将其作为资本，放在资产评估的包里，很难产生可以衡量的估值体系。

皮埃尔·布尔迪厄认为，任何一种个人可以让自己在社会上获得较高

 文创的本质

地位的优势，都可称之为文化资本。后来，他自己也发觉自己没有将事情讲得通俗易懂，于是，他又将人才已经外化可评估的数据进行一系列的量化。这是早期职业经理人价值评估系统的由来。

问题和概念转化了一下，就很好理解了。能够为一个企业创造超级价值的人，值多少钱？给他多少股票合适？在客观上，这肯定了杰出人才对于整个系统的价值贡献，对于顶级文化人才资本化提供了一个思考框架。科幻作家刘慈欣如果和一家文投集团展开合作，会是什么样的条件？从商业角度来考察发展阶段，刘慈欣品牌和作品矩阵转化为商业资本的路径才刚刚开始，仅仅才展开《流浪地球》第一个衍生项目，就取得卓越成绩，但我们在本书不做案例展开。

在文创领域，无限叠加的资本游戏该怎么玩，需要分析一个完整的产业案例。尽管有些案例是比较新和熟悉的，但是我们换一个视角，也许在老的案例中，也能够找到我们未来文创产业中一些规律性的价值参照点。

杰克·罗琳（J.K. Rowling）在本节中可以作为展开分析文创周期性的案例。一个从无开始的世界级文化项目如何诞生出来的，如何一步步转化，并且实现巨大的经济价值和社会价值，我希望能够在这个案例中找出规律来。

罗琳出生于英国的普通家庭，受到条件的限制，父母一直都在为生活而奔波，处于温饱线上的人总是希望有一个安逸的生活就足够了。他们希望罗琳做一个教师，安排好自己的生活，可罗琳从小就认为自己可以使用想象力来写小说，并且觉得这是自己特别擅长的领域，她有在自己的领域内获得成功的决心。

在填报志愿的时候，罗琳背着父母改学了古典文学，欧洲古典的神话和超自然的民间传说均成为她的学习内容。年轻的罗琳在毕业之后，迫于生计，一直在社会组织中做一些收入比较低的工作，以维持生计。

第一章　一次投资三辈子受益

婚姻的失败，让罗琳成为单身母亲。她在社会组织的工作中，使得她见过无数生活失败者的故事，和全球很多处于战乱地带的人有过交流，接触了很多真实的悲惨故事，理解了他们不同的人生境遇。这种生活沉淀为罗琳的创作带来了大量的体验来源。

上述故事阶段和资本没有关系，对资本价值的认定，只有在有财富标的的情况下，才能够确立。当时，罗琳没有财富标的，哪怕是虚拟的名望资本也没有。从商业的角度来思考，此时的罗琳是没有任何商业价值的。人才资源如果没有作品和成果问世，在一些领域，除非用一些已经取得的成绩作为证明，一个人的能力是无法被带入到资本市场的。

生活窘迫的罗琳，内心里有一种通过创造作品来赌一把人生的愿望。对于顶级人才来说，他们是愿意用几年的时间和精力去赌一把的。这种心态其实和做企业的创业者完全一致，任何文化作品的诞生，均需要一个长期努力的过程。

1996年2月，罗琳把《哈利·波特与魔法石》小说大纲和故事的三章寄给了出版商。罗琳将稿子投了几家出版社，被拒绝了好几次，经过3次退稿，才被出版编辑看上，然后签约。从出版企业的视角看来，每一本书的出版其实都类似于风险投资的行为。罗琳被拒，也在情理之中，商业价值从来都不是一下子呈现出来的。尽管罗琳已经在小说创作上积淀了20年，但谁能够去识别呢！

罗琳开始申请创作资助，英国政府和社会组织对于文化创作起到了最初的天使投资人作用。一年之后，苏格兰艺术协会给了罗琳一笔1.3万美元的费用，以资助她进行创作。这笔钱点燃了一部世界级的魔幻小说系列，创造出了一个魔法的世界。这里，我们又一次看到政府文创基金的孵化器作用（见图3）。

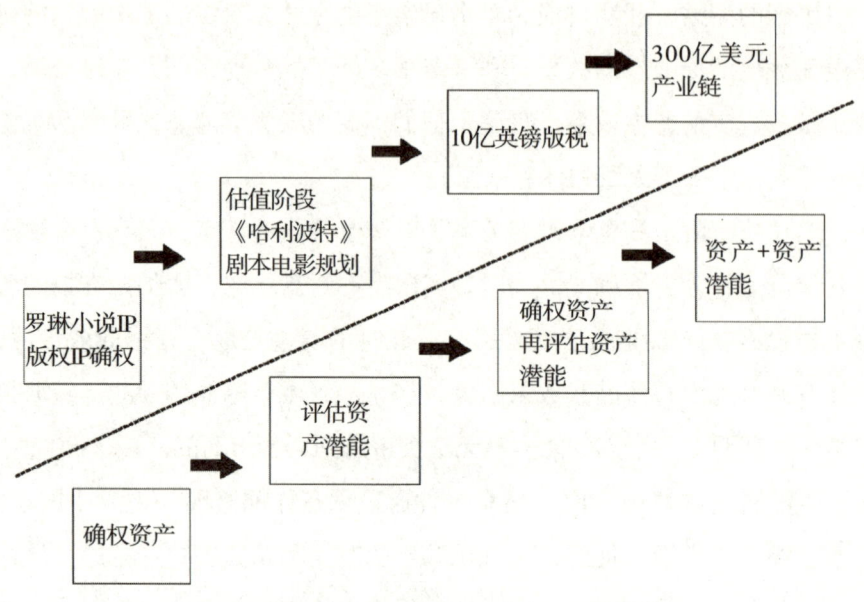

图3 罗琳和《哈利·波特》IP资本运营的模式

一旦作品问世了,并且崭露头角的时候,天使投资者和风险资本几乎就没有什么机会了,任何投资市场都是这个规律。英国作家J.K·罗琳于1997—2007年出版了魔幻文学系列小说《哈利·波特》,共7部,获得英国国家图书奖儿童小说奖以及斯马蒂图书金奖的时候,罗琳的《哈利·波特》和魔法世界就成了一个顶级的文化品牌。

这套图书在全球卖了近4亿册,出版商赚了很多钱,罗琳的身家也达到了10亿英镑。这其实只是这套作品完成的一个转化。资本市场对罗琳作品的估值不断提升,他们认为,《哈利·波特》系列图书,表达了一个人类母题,关于青少年的苦难和成长,展示在一个魔法世界之中,展示了一群少年的成长。这种母题型的文化产品是可以长盛不衰的。

从价值为零到第一次出版过程,用文创产业周期来评估,这仅是资产化的第一步,但是仅仅第一步也具有很大的市场价值。随着系列图书不断被推到市场,杰克·罗琳事实上就垄断了一个叫"魔法世界"的著作权系统,里面所有的人物设定和故事场景,以及完整的世界观,都成了一个确权的资产。这个资产创造了一个文学小世界，能够向全球的青少年推出自己的体验。而这些综合产权一旦确立了，这个系统就从产品经济开始进入产业经济了。

当然，罗琳可以随时将自己的新故事编织到这个魔法世界中，魔法世界的空间还在不断地扩展当中，比如在2016年，罗琳的新作《哈利·波特与被诅咒的孩子》发售首周，全球卖了400万册，有了世界级的品牌和魔法世界的全部魔法能量，罗琳的每一个新故事都会创造出一个小小的市场奇迹。

罗琳的作品在完成出版之后，时代华纳购买了影视改编权，前后一共制作了8部电影，获得了电影总票房为78亿美元。

从魔法故事图书到电影，是罗琳著作权衍生的第二步飞跃。在这里，我们已经发现了文创产业的一些规律，同样是内容，当我们换一种新的媒体技术来表达的时候，就能够从消费者那里继续收获新一轮的体验付费。从图书到电影，是一个转变的过程。

对于罗琳来说，她创立了一个想象力经济的经典案例，提供了优质的内容资产，而向优质的内容资产投资，这是资本要做的事情。这种多次叠加的游戏大概不会停止，下一代的孩子成长起来，他们会用新的技术体系继续体验哈利·波特的魔法世界，这种技术可能是虚拟现实（VR），也可能是更加先进的媒体科技。

罗琳自己也是一个超级品牌，魔法世界中的任何一点都可以被提取出来，丰富和扩充这个新世界的内容。《神奇动物在哪里》是哈利·波特在霍格沃兹学院五年级时使用的一本教材的名字，曾在《哈利·波特与魔法石》中出现过。罗琳这本教材被扩写成为54页的真实书籍，并且拍成了电影，全球票房为8.14亿美元。

投资著作权和影视改编权的时代华纳，是市值大约为800亿美元的全球性文化集团，在全球文创圈中，也是顶级的文创集团企业。在罗琳和时代华纳的共同努力之下，哈利·波特系列的品牌总价值估值在250亿美元。罗琳一开始的创作带动了超过300多亿美元的产业链。

事情发展到此,顶级资本对于头部内容资源的攫取意愿是很强的。他们会展开强力的并购行动,2016年,美国通信运营商AT&T看中了时代华纳手中的《哈利·波特》为代表的优质内容,他们打算进军内容市场,让通信渠道成为传递新媒体内容的渠道,将先进媒体科技和优质内容进行深度融合,为手机用户、VR用户、互联网和有线电视用户带来新体验,也能够在新的内容扩展之中,占据体验经济的核心位置。

罗琳创造了《哈利·波特》系列文化资产。文化资产经过评估,确定资产潜能和IP产权,再与资本结合,释放出资本的潜能,使资产增值和放大。然后又对资产进行评估,继续引入资本,文化资产进一步增值。这是一个资本游戏的循环,呈现出无限叠加的趋势。

我们分析罗琳的案例,也能够在其中找到文化产业的发展规律。在深入研究案例之后,能够为大文创管理系统提供一些样本,在其中总结出一些规律,为文创产业的投资者如何进入行业,提供一些参照。

被忽视的、被边缘的却代表未来

新价值都产生在边缘地带而不是中间地带,这是商业世界的规律。

工业革命200多年来,人们为了解决物质稀缺而进行奋斗,对于庞大的物质需求,工业机器必须开足马力,不断生产出满足生存和生活需要的产品。进步的节奏越来越快,这是工业经济竞争的本质,高的生产率才能够生产大量的产品,价格下降才能顺应消费市场中的购买力。

我在和一些城市管理者进行沟通的时候,对于城市战略进行一系列评估之后,发现了一个事实:现在人们对于效率的追求是第一位的,他们将更多的思考放在了效率领域。但在大文创领域，在全产业周期中，有些发展阶段是效率竞争，有些阶段则是需要战略耐性的，如果将产业链全部归入到效率领域，恰恰是一种违背产业规律的观念系统。

沈南鹏代表的中国红杉资本，对于互联网经济投资有一套自己的运作模型。类似于一种占据电波频谱的方式，对于互联网科技及其他科技产业进行整体投资。频谱波段又被细分为一个个信道。这种占位模式保证了自己能够在竞争的最后阶段胜出。

沈南鹏和其他投资人将互联网中细分领域的产业分成一个个赛道。所谓赛道，就是在经过综合判断之后，在一个领域内头部的几家创业公司都能够获得投资，让处于赛道内的企业进行相互竞争，在产业格局基本形成之后，领先者公司可以将其他几个相对落后的公司资产进行收购，人才和市场资源等就不会造成浪费。

红杉的投资模式，就是立足于科技创新时代最大的趋势，选择有一定概率能够赢得未来的企业，对于整个头部进行投资。将外部不讲代价的竞争变成内部竞争，让猛兽在一个笼子里撕咬，但不要咬死对方，而是在战败企业还有价值的时候，实现并购和人才换位。战到最后能够胜出的企业基本都是具备强大的市场竞争能力。

沈南鹏的投资赛道模式是一种典型的效率竞争，我将其称为"效率赛道"，在一个赛场上，谁跑得最快，谁就能够胜出。同时冠军、亚军、季军都与投资者相关，这个战略是成功的，在中国，有一半的头部互联网公司都有红杉的投资。

效率赛道是严重中心化的竞争体系，先进技术和先进的运营系统，一旦和竞争对手拉开了距离，形成了代差，那么落后者基本是没有反击机会的。无数的科技产业的竞争已经说明了效率赛道中的竞争哲学。事实上，在一些中小城市中，想要跟上某一门类科技的效率竞赛，并且长期保持核心领先地位，是很难的。

效率赛道是目前中国国内城市管理者和企业家都在努力争取的价值实现竞争的方式，是一种具备强大惯性思维的认知系统。但不是对于所有的领域都是实用的，至少在文化创意领域，这里奉行的是另外一套哲学。

文化创意产业是另一种不同的赛道，在本书中，我借助于沈南鹏的投资哲学，将其统称为"文化赛道"。如果科技创新是社会经济发展的最大趋势，那么文化赛道中的发展模式则是社会经济发展的第二大趋势。但这种方向在当下还是被忽视的、被边缘化的。在文化产业中的很多经营者，还没有认识到自己已经坐在了一座人文主义和体验经济的金矿之上。

在市场中，投资者总是希望马上去收割成果，这是套利金融模式的思考。他们对于延迟满足的投资周期，在做决策的时候有意进行忽略。对于投资者来说，在什么样的投资阶段获得核心资产，并且秉持核心资产多长时间，这是一个核心问题。

文化赛道中，在开始的时候，恰恰有一个很长的缓坡，这个缓坡往往长达十年的时间，当一个文化资产开始在市场中获得初级成果的时候，投资者才觉察到这种资产的存在，显然，这已经慢了一步。

文化赛道和效率赛道中最本质的不同在于，效率赛道的产业大多数都是"收益值高或者收益值低、半衰期短"的事业，各领风骚三五年；而文化赛道则是另外一个发展模型，一般一开始是一种"收益值低、半衰期长"的发展模式，逐步转化为"收益值高、半衰期长"的发展模式，一次投资三辈子都能够受益。对于很多致力于家族长远发展的投资家来说，完全可以在这里布局一个长期发展的规划。

在这里，我想跟读者谈谈国内外的一些"艺术家族"的思维模式，关于艺术家族的定义，就是研究国内外一些知名的艺术家后人的生活状态和事业状态。大体上从第二代、第三代和第四代的家族个体来观察，发现艺术家族对于家族长期发展带来的影响，并且和企业家事业进行一个对比，发现效率赛道和文化赛道之间的差异之处。

我发现这些艺术家族中的二代基本的工作和事业都还在文化创意领域，而且基本都接受过良好的文化教育，即使到了三代和四代，基本还活跃在城市的一些文化管理的位置。比如在艺术学院中从事教学工作、从事文物管理、在文化管理协会中担任社会职务等。文化产业具备较好的传承性，在这一点上可以看得出来。

艺术家创造艺术品，艺术品产生著作权和继承权，这是一种权利和资产的传承。在后代手中，他们就变成了艺术品运营者，知名艺术家的艺术品，其本身就具备"做时间的朋友"的内涵，这符合资本运营的一种特质，具备资本升值的复利性。

事实上，他们到了第二代、第三代甚至第四代还有一些共同的工作需要去做，那就是鉴定作品。由于家族有大量的作品存留，所以有丰富的样本可以进行艺术品比对和鉴赏；同时也能够对艺术馆和收藏家群体中的作品进行品质鉴定。由于家族中有大量作品，事实上在平抑市场价格方面依然有着很大的影响力。在某一个艺术家的交易市场中，形成类似于价格调控者的功能。在艺术品市场中，他们依然具有一定的话语权。

艺术家的艺术之路很难走通，这是文化创意产业的特点，只有成为最前端的知名群体中的一员，艺术价值得到了公众认可，才能够保证这些价值在几十年甚至百年之后，还有益于家族的发展。

艺术家族这种和公司主体不同的家族运营模式，二者在一点上是相同的，他们都是在围绕着资产做运营。相对于科技产业来说，这些文化艺术家族做的事情是一个"小事业"，但是这种小事业其实也具备更多的借鉴性质。我们研究中小城市的文化发展，恰恰需要借助这些文化家族的力量，让这些家族品牌和新城市的文化建设结合在一起，为城市的发展提供助力。

从经济角度来思考问题，效率赛道讲究快速赚到钱，估值快速增长，在一个产品生命周期找到战略机会，快速变现，快速迭代；而文化赛道是一种被忽视的发展模式，这种模式，如果做成小而美，则可以成为一个艺

术家族的形式。如果对艺术家族进行一个画像，他们往往能够维系家族一个强大的人脉和关系网络，在主流城市中拥有深宅大院，参与艺术活动，通过向市场出售一两件存留作品，获得一笔可观的资金，同时也用来购买年轻艺术家的作品作为家族下一代的资产储备。这些家族成员普遍生活富裕，生活比较悠闲，有充足的时间参与各项社会活动。

文化赛道的发展竞争模型，在前文中我们已经系统展开过杰克·罗琳的发展模式。在文化赛道的高端企业中，科技产业和文化产业已经开始高度融合，形成更大的科技、文娱和金融连在一起的超级企业。

企业大文创产业是个"终结性战场"

在这本书中，我们谈及大文创产业的管理创新，在于技术产业的飞速进步，文化产业的载体发生了巨大的变化。数字化社会已经来临，这对于文化产业提供了一个巨大的发展机遇。原来文化产业很难赚钱，但是在现在和未来，伴随文化产业和科技产业的深度融合，很有希望成为未来的第一大产业形态，让之前很多不相关的产业都转变为文创产业。

企业的大文创管理模式创新，首先是一种观念创新。对于文创人来说，已经到了最好的时代。互联网资本在获得了信息空间里的控制权之后，几乎都在为"内容经济"发愁，互联网已经进入高速数据传输的5G时代，无论哪一代互联网，本质上还是一个渠道，渠道中的数字资产才是真正的财富源泉。

我们来预测大文创产业的发展方向，未来10年20年的发展中渠道和内容哪个更重要？如果渠道已经建好了，那么内容就变成了整个互联网的关键环节。内容资产也将是主流企业重要的投资对象，信息科技正在内容产业产生合流。

在大文创管理领域，需要积极拥抱互联网，在今后数年的时间内，基于互联网的内容消费将成为互联网领域非常重要的增长点。全球大的互联网平台对于不同文创产业的头部内容都在进行连续投资。

2019年3月"三文娱"在一篇根据研究报告写成的文章《BAT一年花多少钱买内容？腾讯647亿 爱奇艺211亿……》中，公布了中国主要互联网企业的花费成本，内容采购占据了很大的份额。

数据大体上是不会说谎的。腾讯公司很多年来主要业务都集中在社交领域，这种连接价值带来庞大的市场价值。但按照市场规律，当主导型的公司在自己的领域内市场占有率超过50%的时候，企业的主要发展就需要扩张版图，需要新的战略增长点。

腾讯的未来战略是"社交+大文娱"产业战略，这已经成为重要的支撑点，但是发展是真金白银换来的，看最近几年的数据，就能略知一二。2017年，腾讯在内容采购和内容制作领域一共花费了468亿元人民币；2018年，内容成本变成了647亿元人民币。按照这种增长幅度继续的话，大概在2020年，腾讯的内容投资将达到1000亿元。

同样的事情，由百度控股的视频内容平台爱奇艺，2017年内容花费成本为126亿人民币，2018年增加到211亿元，2020年其采购成本可能会达到350亿人民币。

阿里巴巴对于内容领域的布局，虽然慢了一步，但是在整个阿里的产业生态中，内容是决不可缺少的一个重要节点。

尽管在短期内这些大平台都投入了巨额的资金，但是实际上他们在布置一个更大的局。中国的互联网内容产业目前的发展阶段，正处于一个长长的缓坡之上。大企业在争抢顶级文化IP，并且利用技术将IP引入到衍生领域，逐步实现经济价值。主流资本具备超级投资能力，他们能够在文娱领域进行系统性的投资，最终能够将线下和线上的文化资源全部打通。

从大文创产业的远景来看,未来确实是激动人心的。从图书著作权衍生出去,可能具备转化的技术形式会越来越多。现阶段的营收模式中,主要来自于影视、动漫、网文等内容的版权费以及给游戏产品的分成。比如按照腾讯收入划分,2018年增值服务达到1766亿元,以游戏和视频、音乐、动漫网文收入为主。

本书将大文创产业作为未来竞争的"终结性产业",将大文创产业竞争作为"终结性战场",原因在于人类已经从"电力时代"进入到"算力时代"。算力时代能够为数字资产分发进行确权,并且能够将小额交易的碎银子收回来,对于创作者和著作权人更加有利的时代也会逐步到来。人均算力强大到一定程度,这些算力中有一部分要用来增进人的幸福感。而毫无疑问,这些能够增进人的幸福感的产出,多数都是内容型作品及其衍生的数字内容资产。

知名物理学家迈克斯·泰格马克(Max Tegmark)在其著作《生命3.0》中,预测了未来上万年人类生活和超级智能的影响,并且假想宇宙中的不同超级文明在进行交易的时候,主要的商品就是信息,除了超级科技和超级工程信息之外,能够交易的信息就是服务于个人体验的,算力能够为人创造出一个可以产生真实美好体系的虚拟世界。他说有一天,人类在跨越光年交易的产品中,有一个很大的门类就是满足人们娱乐的内容信息。他在书中说:"享乐主义的生命形式可能会很想要数字化娱乐产品和模拟体验。"如果真如泰格马克所说,人类未来千年万年都会围绕算力内容去发展,那么至少为当下大文创产业的发展指明了一条道路。

沉浸式的体验虚拟场景游戏和电影将成为下一个时代的主流。每一个超级IP都能够借助先进科技制造出一个可体验的"平行世界"。

这种内容传播的方式和内容形式在未来几年就将落地,体验终端设备能够进入家庭,VR和AR技术即将达到民用级别,随着技术逐步完善,一旦体验终端开始普及,则整个市场中的内容经济将会达到一个产业高峰，市场对于内容的需求将推动产业持续繁荣。大量有影响力的 IP 知识产权会有更大的升值空间。

产业融合正在成为一种趋势，健身器材这种传统制造业在未来的产业布局之中，有可能摇身一变置入到文化产业当中。因为结合 VR，运动者一边在家庭里健身，一边就能够体验到世界各地的风景，感觉自己就行走在世界各地的名胜风景区之中。

大文创产业的边界是不断拓展的，这些大的互联网公司处于工业 4.0 的核心位置，他们能够利用手中的资源，重整产业的边界。

数字经济专家认为，数字经济的发展结果会让"超级明星"而不是普通者受益。国内数字经济观察家吴军先生，在其作品《智能社会》中就提及"人工智能社会，只对于 2% 的人有利"的观点。

从大文创管理创新的角度，我更喜欢微软中国首席技术官韦青先生的观点能够变成现实。他认为，从技术趋势来看，人工智能时代确实对于少数创造人工智能者有利，但是作为一个"盗火者"更有价值，做事业的时候，需要反其道而行之，让先进技术普及化，开发适合于大部分人使用的智能产品，让普通人也能够快速使用人工智能工具，适应新的社会发展趋势。其实，这种理想也是文创人的需求。

未来 10 年之内在线下将发生什么样的经济变革？在和一些业界的专家谈及产业趋势的时候，我喜欢综合科技专家和文创专家两者的意见，并且在他们的中间思考。大文创管理创新，从社会的角度来思考，文化发展的主要社会功能是一种战略平衡功能，也就是文化发展模式需要对大多数人有利。小镇的年轻人，大山里的年轻人能够获得一种新的发展机会，而不是将所有的机会留在大城市。

从社会的角度来思考，进行财富二次分配的模式其实很难执行下去。而按照社会自然的发展规律，"二八定律"会一直在那里起作用。均衡发展一直都是全社会的难题，基于对于县城、城镇的财政援助模式，很难持

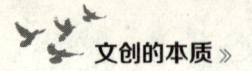 文创的本质

续。唯有一流企业的文化资产进入小镇和县城，才能够和当地的经济结合起来，形成一种新的文化发展的新模式。

BAT和其他头部的文创企业和文投基金，在线上内容布局完成之后，将对未来战略产业进行布局，利用手中的IP资产和线下实体文旅资源结合，这是个大概率的事情。正如华谊兄弟这一类的公司积极在一些中小城市进行文化地标的构建，但这仅仅是一种探索性举动。而一旦头部企业和资本对于线下文化实体资源进行再并购和再合作，就是盘活小城经济的时候，建立更大的财富回流机制是大文创管理理论的价值所在。

可持续发展的核心就是要解决核心经济区域和边缘经济区域的价值分配问题。这样的问题总要去解决，大文创产业的特点是将传承和创造连在一起的体系。我认为，市场的方式是最好的方式，带动县城和小镇高质量就业，这是一种值得期待的发展模式。

大文创的发展基于人性。现在很多人都将是百岁人生，我们在城市中奋斗，在效率赛道中奋斗几十年，积累了大量的货币资产，总会换一种赛道，从一种人生转轨变成另一种人生，文化赛道将是很多人的第二人生。这是一种普遍需求，也是经济再平衡的未来趋势。

文创产业的发展是以人本为中心的，后半生的问题是时代的问题，顶级文化人才进入乡村，会成为一种人生，这是很多人的人生问题。

实际上，这一切发展都是对于文化消费市场的信心，任何一个产品要进入市场，都必须以文化作为内核。因为市场对产品的需求，实际上是对文化消费的需求。消费者对产品的消费，本质上是在消费文化。文化成为今天整个市场的底盘，越是顶级的产品，越需要具备文化属性，否则，必然会被市场淘汰。这就为大文创产业提供了不可限量的广阔市场空间。

大文创产业是一个终极的战场，这是科技趋势和几代人职业生涯的再设计。文化赛道不再以效率为唯一指针，这是一种新的发展观，这和效率发展观一样，能够成为社会经济的推动者，推动社会和谐进步。

第二章
文化是个催化剂

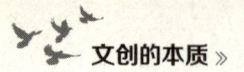
文创的本质》

文化碎片变成文化品牌

我一直喜欢问文创圈的人这样的问题：什么样的人适合做文投集团的总经理？这样的人有什么样的特质？

由于同一个问题问不同的人，我就获得了从不同的视角看问题的机会。我发现，仅仅从外部来定义问题是不够的。比如某一个城市拥有很多文化资源，但是却没有能够形成统一的合力，所以不具备投资价值。文化碎片是不能够成就企业和城市的，文化资源在不同的人手中，如何统一起来，变成价值资源，统合的过程却是很难的。

城市的文投集团的总经理们需要有从多种视角看问题、解决问题的能力。跨越两种或者三种不同文化的人，在引导异质资源进行创新的能力会很强。对于科技、创意和媒体的完整知识结构的人，加上资本运营的能力，确实就是我们在建立文化资产和文化品牌方面的稀缺人才。

每一个特色的小镇和县域经济中，都会有碎片化的文化元素。例如，地方戏剧、古物留存、艺术名人、地方民俗、大族家训、特色农产、特色小吃、英雄故里、民间故事，等等。这样的文化现象就如同碎片一样，需要进行整合，以聚合文化资源，形成文化品牌（见图4）。

文创领导者能够在这些碎片中找到关键性元素。想要有一个好主意，最好的方法就是有很多好主意。最大的事情在一开始可能都是微不足道的，文化产业和大投入大产出的工业经济是不同的，如果不能找到优质的领军型的顶级文化元素，产业价值就很难中心化，很难形成能见度。换句

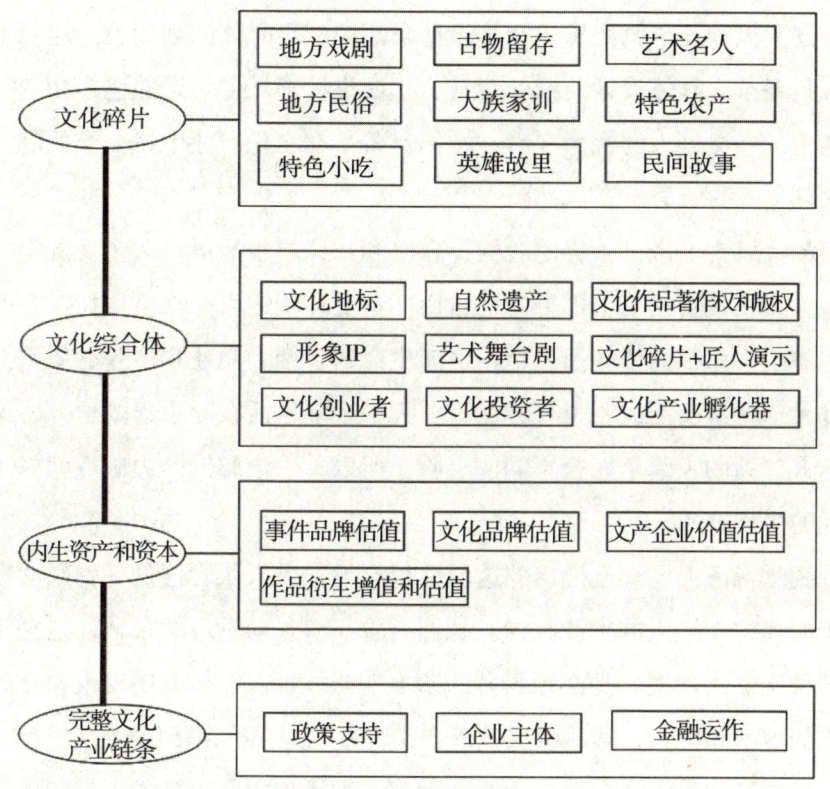

图4 文化碎片形成文化品牌和内生资本的框架示意图

话说,没有顶级文化品牌,也就没有经济价值。

先做一个点,再做一条线,连接几条线,成为一个面;再连接不同面,构建一个立体结构,形成完整的产业链条。在企业大文创管理中,必须遵循文化产业的经济规律,处理好文化碎片问题,从而发挥文化的催化剂作用。从文化产业的角度看,那些孤立的文化现象都是文化碎片。虽然这样的文化现象本身可能是完整的,但如果游离在文化产业链之外,就只能在传统的方式下,保持低水平的价值生产潜力。在整合碎片化文化元素的过程中,第一个选点其实是非常重要的关键点。第一个关键点必须能够成为引爆点。

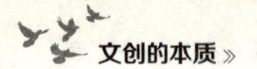

选点是非常重要的事情，这里举一个文化创业的案例。

汤大风和汤小风姐妹是知名设计师品牌裂帛时装的创始人。这两个创始人具备杂志媒体设计装帧的背景，平面设计师具备一定的色彩和空间感知能力。在文创人的视角来看，她们具备了在文化产业中找一个关键点进行文创创业的能力。

汤大风女士说，年轻的时候，自己和妹妹是生活得很文艺女青年的那一种人，比较喜欢三毛那种向往自由、不受环境约束、视金钱如黄沙的态度，整个生命都为体验而生，不贪恋生命的长度，而注重体验的质量。她们都希望将自己活成一个行者，每一天醒来都生活在一个新的地方，见到新的人，新的人给予完全不同的笑脸。所以，一边赚钱一边旅行就成了姐妹俩的生活方式。

我觉得汤大风女士说出的这段话很有趣，个人认为这是一种生活在下一个时代的年轻人的生活画像。她们有着一双主动发现的眼睛，这对于我们这种文创人来说，是必须具备的基本素质。她们在体验中发现文化碎片给出的启示和机会，然后将这种机会又转变成为一种市场机会。

姐妹俩到云南和广西去旅行，发现少数民族的服饰具备不同的色彩感觉，我们在日常生活中那些大红大绿和其他的亮色系服饰，在这里形成了一种新的和谐，也形成了自己的特色，这里的人们用自然界产生的染料来染制属于自己风格的服饰。

当地的服饰制作人告诉汤大风，这些自然产生的染料，曾经也一直是中原和边陲进行贸易的商品。那么，在服饰颜色上，对于中国的中心市场来说，其实也是一种文化复古，是一种传统和时尚的碰撞，这些设计元素完全可以形成一个新的审美诉求。色彩文化在汤大风的眼里，就是一种催化剂。

作为设计师，她们敏锐地察觉到了机会，将这种撞色系的设计完全可以用来创建一个文化服饰品牌，面对敢于活出自己的年轻人，用撞色系来

第二章 文化是个催化剂

表达自己的活法。于是，知名服饰品牌"裂帛"就诞生了。散落的文化碎片在创始人的手眼之间，变成了一个企业。

这家成立于2006年的设计师服饰品牌发展到现在，已经经过了十几年发展，成为中国设计师品牌领军者之一。而随着企业的发展，企业已经从最初的几位设计师，发展到了一个设计师品牌的矩阵。

企业在发展的过程中，也获得了几次资本的投资，并且努力筹备上市。一个单一文化设计品牌到底跟资本如何结合？裂帛的创始人和资本之间，还需要再思考。

在我看来，基于设计师品牌经营的企业更多的是一种可持续的发展模式，这个企业一年的营业额达到了数亿人民币，这种中等规模的文化品牌企业，其实和那些欧洲事业家族一样，只要能够努力经营好，也可以成为百年品牌，不要急功近利去做单纯的规模扩张，而要将更多的精力放在如何进行文化引领上。从资本市场的运营来看，让处于其上位的文投管理集团上市，旗下有很多类似于裂帛这样的设计师品牌形成的矩阵企业，能够和资本进行长期共舞。

汤大风姐妹在文化碎片的基础上构建了一个文化品牌，这样的案例是值得借鉴的。创始人在市场中找到了文化元素，通过一系列运作做成了事业。裂帛对于一些县域城市的轻工业转型具备极强的借鉴价值。因为这样的模式能够和小城的永续发展联系在一起。

我在和云南一些城市文投集团进行交流的时候，也会跟他们去分析汤大风女士的案例。并且推演，如果我们的文投集团能够在一些城市城镇之中找到这样的爆发点，那么就能够产生数十亿元的价值，对于地方经济和企业来说，这是一个很大的触动。

文投集团领导者需要找到这个"爆点"。有些地区的经济水平发展滞后一点，一开始不能够做比较大的硬性投入，所以做一个标杆，将标杆做成榜样，传递文化产业和文创经济的发展理念，带动社会资源和城市民间

文创的本质

资源来推动综合发展。积累经验和推广经验，推动城市的观念创新，也是城市文化发展的一项重要内容。

城市文旅综合体

北京东侧"北三县"之一的香河，是北方家具业的制造设计中心之一。作为香河文化艺术中心的主要策划人之一，我们在这个城市文化综合体的建设过程中经过很多讨论。城市投资大型的文化休闲娱乐设施的目的是什么？我觉得最重要的目的就是围绕市民的人文发展来构建新的模式，形成涵盖城市公共文化生活、文体休闲、公共服务等多项功能为一体的城市文旅综合体。这一文化艺术中心必将成为城市居民艺术体验、文化休闲、健康生活的三重核心。

满足市民的文化生活，提供城市文化消费需求的升级，这是顺应了市场的需求。城市的文化设施一定不是一小群人舞文弄墨的场所，而是大众能够参与进去产生美好体验和消费需求的场所。所以，香河文化艺术中心从一开始立项，就带有推动香河从工业小城向文化城市发展的模式转型的一部分。参与立项的政府管理者和文化专家的认识是一致的：香河文化艺术中心需要建立市场驱动的主导模式，所有的文化项目均需要以此为指针，筑巢引凤，实现人才驱动和项目驱动的运营策略，推动城市的文化发展。

香河文化艺术中心投入不小，总投资大约4亿元，几万平方米的建筑设施，从县域财政投入和文投项目投入来说，已经算是一种大投入了。这个投入值不值得？事实上，这是经过无数次论证的问题，经过数据统计和

第二章 文化是个催化剂

项目运营的推演,寻找企业家、文创专家、北京城市规划者等多种角色,采用不同视角寻找支持意见和反对意见,相对于支持性的建议,反对的建议更加具备价值,因为这是项目决策的一个原则,反对建议能够提供一种新视角。

在参与很多城市文化项目投入决策的时候,结合支持和反对的视角,多方论证,这是我的工作方法,即我们在调查项目的时候,除了了解项目的基本面,更重要的内容就是了解反对意见背后的逻辑是什么,如果能够解决他们反映的问题,那么对于项目落地运营会有很大的益处。

凡事预则立,站在区域格局思考香河文化艺术中心的价值,站在未来数十年的发展视角来看,北京市的行政中心东迁至通州,大量文化教育资源也随着非首都功能的疏解而向外转移,这就使得北京东部创意产业需要一个中心。香河作为北京向外疏散功能的对象之一,需要主动来承接这样的一个功能,这对于城市的发展是一个难得的机遇。站在30年后的香河文化艺术中心,它一定是一个新的大城重要的文化地标和文化中心之一,很多顶级的文化活动都能够在这里开展起来。

显然,经过大数据的演算,同样的一个大型文化活动,将其放置在北京市中心还是放置在香河文化艺术中心,其总体的运营成本,对于参与者是时间成本和空间成本而言,都有很好的竞争能力。让一流文化活动移师到香河,吸纳一流人才到这里来,喜欢这里的设施,愿意在这里投入工作,那么建立中心的目的也就达到了。

香河文化艺术中心的另外一个功能就是聚拢地域文化资源,说句不好听的话,其实意思是不仅要将香河本地的文化碎片聚合起来,还要将相邻地区的文化资源抢占过来,将香河变成地域的文化发展中心。聚拢文化资源也是一个重要的目的,地方戏剧、文化习俗、地方小吃和文化历史遗存都可以聚拢在一个文化综合体中,不至于随着时间推移而散落掉大量的资源,这是一种对于未来负责的态度。

有些文化资源暂时还不能够产生大的市场价值，那么就先留存下来，等到机会成熟，再组织顶级人才团队进行盘活，也是一种策略，这是我的观点。和当地的领导者沟通的时候，他们也是同样的看法。一个文化城市的发展，一定需要基于历史的沉淀，从未来的视角看过来，现在就是在创造地方的文化历史。

另外，香河文化艺术中心本身也是一个文化产业项目的孵化器和加速器。类似于汤大风和裂帛品牌的案例，如果能够孵化出一个，那么整个投资的价值也能够直接体现出来了。香河地处北京东部的近处，由于城市的设施完备，政策配套齐备，具备大概率的机遇能够吸纳顶级文创人才。

香河文化艺术中心的设施建设和运营，其成果体现的时间点可能还会后延，这是文创产业的发展规律。目前年接待能力为30万人次，达到国际一流的设计水平。作为企业大文创管理的成果，这个精品文化艺术综合体整合文化碎片，就像一个集艺术欣赏、文化交流、餐饮消费、娱乐休闲等十几个业态为一体的城市文化品牌。作为当地的文旅综合体，香河文化艺术中心还会不定期举办各种讲座、音乐或艺术鉴赏等文化活动，以此丰富当地的文化生活，提高自身的知名度，打造文化品牌。

在北京圈内有名气、在香河最具影响力的吉他手刘杰曾在这里演出，一些国内著名的吉他教育家、演奏家也曾到这里举办活动。吉他教育对于年轻人参与文化项目具备吸引力，几个年轻人就可以组织起自己的乐队，丰富自己的生活。也不要小看了艺术教育，这种教育也可以形成品牌和总部经济，具备全国性的推广和落地运营价值。

在企业大文创管理方面，国际经验也是很值得借鉴的。

法国巴黎被誉为"浪漫之都"，在推进经济城市向文化城市的发展中有过很多经验。拉德芳斯是全球第一个城市综合体。实际上，从一开始，这就是一个城市文旅综合体。建立的时候，是在城郊的荒原上起步的，这里一开始是作为文化区开发的，但是也带动了文化地产的发展，因为人们都愿意居住在有文化氛围的地方，这样也推高了房价。

拉德芳斯从20世纪50年代开始建造和开发，逐渐形成高楼林立的格局，形成集商务、办公、购物、休闲、生活于一体的现代化城区，是全球最具有代表性的城市综合体。每年都有大量的城市规划者和文化投资项目的管理者到这里进行研究，深入理解产业生态和城市生态的形成历史，研究城市文化生态的发展规律。

现在全球各地发展卫星城和城市副中心的理念，很多价值思考都来自于拉德芳斯的建设实践。该综合体位于巴黎市西北部，在城市主轴线西端。自从1958年开始建设以来，已经建成写字楼250万平方米，其中，商务区200万平方米、公园区30万平方米，十几家法国最大的企业集中在这里，占法国企业20强的一半多，形成了新的总部经济。建设这个新区的目的，就是将城市的一些功能从城市拥挤的中心完整迁移到一个新的中心中去。本来只是一些文化产业设施的建设，但产业也会跟随而来。

产业周围集中了大量的住宅区，这里随着人口的集中和产业生态的完善，已经成为欧洲最大的公交换乘中心。人气鼎盛的背后，孕育着巨大的旅游价值，这里每年都吸引大约200万慕名而至的游客。在新城市的中心建立了大型的露天博物馆，为古老的巴黎平添了许多现代文化气息。拉德芳斯的成功建造，不仅增添了古老巴黎的现代气息，更为全球各大都会指出了一个新的发展方向，那就是在大文创管理下的经济功能强大的城市文旅综合体。

拉德芳斯对于城市发展模式的影响，打破了人们对城市发展路径的认知模式。原来，普遍认知认为城市的发展，都是自然成长出来的，主动做"人造城市"的规划是错误的。苏联在远东地区的人造城市，就碰到了人去楼空的局面，所以"文化造城"的原则也需要总结一些前期的案例和实践教训。可为，则为之；不可为，则不要去做。

大型文化基础设施工程的建设需要临近大城市，以城市文化副中心的形式为起点是比较科学的方式。如果这个城市几十年之后，依然属于人口流入型城市，发展这些基础设施就应该更具信心。

总结一下，建设优良的城市文旅综合体需要有大文创管理的思维，应该注意3个要点：

第一，综合体要以文化体验和文化产业打造为重心。需深入理解地域文化资源，以核心文化脉络与元素的打造为中心，以文化旅游体验、文化延伸产品、文化产业为主体，进行全方位建构。同时，还应该打造富有创意的活力之心与区域文化体验。

第二，以旅游提升为先导，推进综合体人气聚集。文化旅游是树形象、传口碑、集财气、聚人气的重要渠道，可用文旅做先导，不断提升和拓展新的热点，运用首期启动进行人气引爆。

第三，新城建设、文化产业、旅游产业三者之间实现互生共融。有意识地打破新城建设、文化、旅游三者之间的界限，以文化旅游业为主导产业，呈现出景区新城化、园区旅游化、新城产业化的产业互融形态，实现新城建设、文化产业、旅游产业三者之间的共融互生。

经过多年的建设和发展，国内也建成了不少颇具特色的城市文旅综合体。主要包括下面的十大类别：

（1）文化创意旅游综合体，包括杭州南宋御街、上海新天地、楚雄彝人古镇等。

（2）休闲商业旅游综合体，如上海豫园等。

（3）生态休闲旅游综合体，包括深圳东部华侨城、恩龙世界木屋村等。

（4）乡村旅游综合体，如成都五朵金花等。

（5）高尔夫旅游综合体，包括深圳观澜湖、杭州富春山居高尔夫等。

（6）休闲新城旅游综合体，包括甘肃冶力关、京津新城等。

（7）滨海旅游综合体，包括海南清水湾等。

(8)主题酒店旅游综合体,包括西溪天堂、澳门威尼斯人度假村等。

(9)主题公园综合体,包括深圳华侨城、成都温江国色天香等。

(10)温泉旅游综合体,包括珠海海泉湾、北京温都水城、柏联SPA等。

城市文旅综合体是企业大文创管理的体现,具有文化综合体、旅游综合体双重特征。文旅综合体有一个发展过程。最初只是一般的城市综合体(City Complex),即以建筑群为基础,融合商务办公、商业零售、酒店餐饮、公寓住宅、综合娱乐五大核心功能于一体的城中之城,还可称之为土地集约、功能聚合的城市经济聚合体。后来在城市综合体的基础上发展出旅游综合体(Tourism Complex)和文化综合体(Cultural Complex),这两种综合体各自突出了自身文化或旅游的特色,但都是城市综合体的一种。后来,在大文创管理思路的指导下,旅游综合体和文化综合体呈现出融合发展的趋势。

实际上,从我的切身体会来看,旅游本身就富含文化,而文化也能促进旅游,建造城市文旅综合体是大文创管理规律的体现。在突出文化、旅游等功能的基础上,设计和建构城市综合体时,就形成了一个城市文旅综合体,这是城市综合体未来发展的方向。当然,一个旅游综合体向文化方面拓展和建造,或一个文化综合体向旅游方面拓展和建设,也能转变成良好的城市文旅综合体。

我认为,在综合体的核心功能架构上,包含两个基本的元素,有时这两重元素在综合体内彼此交融。一是文化元素,具体体现在综合体内互动发展的文化创意园区、文化产业园区、文化消费聚落、文化创意地产开发区等项目方面。在城市综合体的设计中,突出文化特色,反映了现今文化需求更趋强劲等多方面的现实。经济的繁荣发展带动了强烈的文化市场需求,科技与文化的结合也更加密切、彼此促进,在这一形势下民间资本也乐于进入文化产业。二是旅游元素,尤其表现在旅游休闲功能的发挥

上。这是一种融会游乐、观光、休闲、度假、运动、会议、居住、文旅体验等多种旅游功能的综合旅游休闲概念。其中的休闲地产包括休闲商业地产（商业街）、度假酒店地产、休闲住宅地产等三大类，各有不同的文化主题，休闲地产构成综合体赢利的核心之一。

城市文旅综合体项目在设计上要突出创新和创意，这也是企业大文创管理的关键。从产品策划和设计，到具体的景观布局、建筑与游憩设计，都要体现创新思维，形成独一无二的创意效果。尤其要强调产品的主题化、品质化、精致化。其中，主题意境的塑造是统领全局的关键要素，抽象地表达了综合体的商业模式，也是引导市场的关键。通过主题文化意境的建构，将能构筑出以特色文化氛围为基础的度假生活方式。

文化事件品牌的打造

文化事件品牌是我这么多年来一直在实践的事情。文化事件品牌和城市文化综合体往往是一个事物的软硬两面，事件品牌打造增强了文化地标和文化区域的影响力，可以形成新的独特的产业生态和文化生态，这是具备可持续性的发展模式。

文化事件品牌的打造是当前和未来中国小城经济发展的一个重要课题，几乎所有的文创人都可能会涉及其中。

对于文化产业的大文创管理而言，品牌的打造极具关键性和重要性，而纵观文化品牌的打造，事件又是一个中心环节，文化事件将不断地推动文化品牌的知名度和内在价值，使文化产品具有无止境的增值潜力。

在企业大文创的管理系统之中，品牌与事件密切相连，文化事件的打造，其实就是文化事件品牌的打造。整个过程形成一种金字塔结构，有底层、中层和顶层3个层次。底层为文旅综合体等文化品牌，如乌镇旅游资源和人文资源；中层为文化事件品牌，如世界互联网大会（World Internet Conference，WIC）；顶层则由各种文化IP所组成，包括作品、个人等，讲述着情景故事，表达各种观念。

乌镇是国内知名的特色文化小镇。据有关史料，在这里进行的文物发掘活动，证明了这里已经有6000年的历史。这里是典型的江南水乡，其建筑特色，天然地对于文化人具备吸引力。乌镇以"小桥流水，白墙黛瓦，桨声舟影"的景致而闻名，直到1992年，这里才修造第一座大桥。但谁曾想到乌镇现在还有不为人知的另一面，使得这一个江南小镇在22年后成为世界互联网大会的举办地。这表明乌镇已在大文创管理思路之下实现了强劲的升级，已经成为旅游产业横向扩展的典型案例。

这种人文实力真的不是宣传来的，而是当地文化中天然就有一种崇尚文化和诗文的传统，从古至今，这里确实可以用"人杰地灵"来形容。茅盾和诗人木心为近现代的乌镇又添上一层新的文化气息。

乌镇地处沪宁杭"金三角"区域，地理位置优越，距苏州、杭州均为80公里，距上海约有140公里。高铁、高速路四通八达，交通很是方便，引来全球各地的参观游览者，世界各国的参会单位都可乘飞机到上海，再转车去乌镇。古镇的保护和开发，水陆交通的顺畅和快速，都给乌镇带来了商机和财富。

当然，就一个旅游小镇而言，乌镇已经拥有了顶级资源，它们本身就是国家4A景区，从20世纪90年代就开始进行大规模的保护，这种保护和积极营销，让乌镇早已驰名中外。尽管中国人的汽车时代还没有到来，但是工作还是要提前做的，乌镇的思维其实走在了时代的前面。

在江南，乌镇的水乡风景并不是唯一的，如何将乌镇做成在水乡里的"唯一"，才是城市管理者的追求。

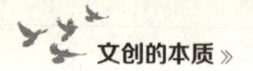

作为乌镇的城市管理者，6万居民如何能够在城市发展过程受益，旅游产业化已经对小镇的居民有了普惠意义，但是小镇如何更上一层楼却是城市管理者需要思考的问题。陶咏椿先生是乌镇党委书记，一直在思考"从世界看乌镇"的问题，即如何引导全世界人来乌镇，这不仅仅是一种旅游的视角，还是一种更好的人文视角。

乌镇很早就有了投资资本进行联合开发，资本思维和文创思维已经渗透到了乌镇的整个发展过程。中国知名风险投资人熊晓鸽先生，作为IDG风险投资的中国区总裁，投资了乌镇，熊晓鸽希望将互联网基因引入到乌镇之中。熊晓鸽和乌镇的相互深入接触，促进了乌镇和互联网时代的深度融合。

管理者思维的转变，是一切转变的基础。

以陶咏椿和其他成员为团队的乌镇管理者，对于城市发展，在工作方法上始终保持了最大的开放性，现在乌镇的基础很好，接下来他们面临的是如何在这个基础上构建一个世界级的品牌出来。这种基于文化进行新一轮战略资源的孵化和催化，其实在2014年之前，并不被外界看好。当时很多人都说，乌镇搞得已经不错了，乌镇建筑、人文和水体保护堪称样板，应该是国内旅游小镇最好的样子了。

陶咏椿先生说："旅游业是乌镇的主导产业，因此在智慧乌镇的建设上，智慧旅游是我们的重点。"这是世界互联网大会永久选址乌镇的原因，因为乌镇引入了互联网基因，因需要打造一个跟博鳌论坛、达沃斯论坛一样的顶级事件品牌，并且成为乌镇永久的战略资产。这种想法和中国政府的产业规划相一致。

有了创想，就立即上马开干，这是乌镇的执行力。拿下一个世界互联网大会的永久会址，通过政府和民间企业的共同努力，并且通过不断宣传项目的意义和价值，使这个项目得到了各级政府的支持。这一世界性互联网年度盛会，由国家倡导，中国国家互联网信息办公室和浙江省人民政府联合主办,每年都在浙江省嘉兴市桐乡乌镇举行。旨在搭建中国与世界互联互通的国际平台,以及国际互联网共享共治的中国平台,让各国在争议中求共识、在共识中谋合作、在合作中创共赢。

陶咏椿先生说,作为项目引入的执行者,镇一级的机构是参与项目的,参与规划,也参与执行,这里可以总结一些系统的经验教训。一开始这样的大会的举办虽然起点很高,但是对于项目能不能构建"世界级品牌",其实管理团队自己也不知道会是什么样的结果。然而"上下同欲者胜",从国家部委到省委再到市委全部大力支持,这是项目顺利推进的主要原因。

如每年举办的世界互联网大会,都不断地向全世界展现浙江乌镇的风采,将让世界从深度和广度两方面看到乌镇更多不为人知的精彩层面,由此不断地打造和锤炼乌镇这一知名文化品牌。最初选址的过程,就是一次品牌的锤炼和展现。当时专家组在面向全国选址时提出了几项要求:一是可以代表中国数千年传统文化,二是像达沃斯一样的小镇,三是互联网经济较为发达。经过比较和甄选,确定乌镇是举办世界互联网大会的最佳选择。

在项目总结的时候,陶咏椿先生说,只要有一个高起点的创想,对地区发展有利,对社会有利,那么就容易获得上一级政府和社会资本机构的支持。做"世界互联网大会",其实就是做一个世界级的人际网络,在执行过程中,立足于乌镇的努力是不够的,求助于政府和社会各种资源,集成起来,协同起来,就能够办一些有价值的事情。

乌镇管理团队对于旅游小镇和构建事件品牌的经验,对于本书来说,是一个很好的案例支撑。整个研究资料有百万字和大量的过程影像,本书无法展开案例,在旅游小镇的建设过程中,有大量的执行细节和文稿产生;在举办"世界互联网大会"的过程中,这种多方的协同机制和大量文稿,完全可以总结出来,成为一个从理念到执行细节全部囊括的大文创管理系统。

乌镇在举办"世界互联网大会"之前,也一直努力进行事件品牌的打造,比如中法年会、微软大中华区年会、乌镇戏剧节等。这都得益于乌镇多年来不懈的努力,与乌镇的品牌基础过硬有关。这样的事件品牌的打造过程,虽然没有特别巨大的影响力,但是锻炼了队伍,形成了一个既能够将项目构想出来又能执行下去的团队,这其实是乌镇非常有价值的软性资产,这是独一无二的资产形态。

乌镇宣传部门善于和媒体打交道,同时也规范镇内的所有企业,他们针对商户进行系统培训,调动大众的力量进行媒体传播。培训内容包括如何打造各种 IP 矩阵,让民宿和旅店都能够拥有大批的粉丝。

在进行文化事件品牌的打造时,尤其不应忽视对品牌事件本身的传播,这也是文化品牌的传播和增值过程。在运用媒体时,要熟悉各类媒体的受众情况、传播方式和特征,以及优点和不足,最好整合新旧媒体进行全通道的事件品牌传播。在传播时应注意传播内容和方式的创新,避免刻板的、高高在上的说教姿态,想办法结合受众心理,突破那些千篇一律的通常做法,以提高传播的有效性。

当与受众有效地进行互动、交流、沟通时,往往能大幅提高传播效果,这凸显出口碑传播的重要性。在互联网时代,口碑传播的范围和速度都得到放大。当然,口碑传播也是难以把握的一种传播方式,需要有效地瞄准关键意见领袖(KOL),做好口碑传播路径的管理和口碑点设计。如事件中某类吸引人的细节、某次重要的获奖、活动中别具一格的创意等,都可以成为很好的口碑传播点。口碑传播不应急于求成,可通过持之以恒的努力来提升文化品牌价值,要"润物细无声"。

硬件在整个事件品牌的打造过程中,有非常重要的价值。城市文化综合体的硬件建设,要用时间来沉淀硬件,用事件品牌来增加文化硬件系统的影响力,这是一条探索之路。

世界互联网大会要求举办地的相关硬件设施能够达标,具有足够的基础建设相配合,有足够能力接纳世界各地的参会单位。乌镇完全能够满足这些条件。乌镇在近年来年均接纳500多万游客,举行各类会议700多个。乌镇其实有很多事件品牌,只不过世界互联网大会是最为知名的一个。

乌镇经验也已经溢出了乌镇,在北京密云司马台长城脚下,古北水镇正在按照乌镇的管理模式进行系统管理。几方战略投资者成立股份制公司,由IDG战略资本、中青旅控股股份有限公司、乌镇旅游股份有限公司和北京能源投资(集团)有限公司共同投资建设。

古北水镇也在寻找机会,他们也一定会抓住一个国家级和世界级的事件品牌。

大文创管理是台超级发动机

企业大文创管理创新工程,在本质上就是基于文化视角,将原来的资源进行再一次活化,这是将"资源重新结构化产生更高价值"的过程。

对于城市的文化产业进行系统管理,建立一个精品迭出的文化生态,大概是各地城市的文投集团老总们一直追求的文化价值。如何管理一个文化企业?如何发挥文化产业在一个城市中的作用?平台之下,企业组织如何管理组织中的人?按照彼得·德鲁克的观点,管理是企业组织的骨骼系统。我们在彼得·德鲁克观点的基础上再向前延伸一步:对于欲让文创产业作为城市发展的催化剂,并且催化产业发展的需求来说,大文创创新管理模式就是这些文化企业的骨骼系统。

甲虫有没有可能成为大象那么大的身体结构呢？彼得·德鲁克在和生物学家进行探讨的时候，生物学者给予的回应是：昆虫的外骨骼系统仅仅适合比较微小的体形架构，如果动物想要更大的体形，就需要发展内在骨骼系统，比如哺乳动物的骨骼系统。大型动物需要强健的内骨骼系统，而不可能靠昆虫的骨骼系统发展出一个大的规模。

有几位在北京的电影导演跟我讲，现在很多小型的文化企业事实上没有管理，或者还是传统上的师徒关系，这种类似"草台班子"的文化企业，很难按照计划和流程将项目执行好，一个项目分派下去，很多决策都在中途改来改去，这在其他产业的工业流程中是不常见的，中国文化企业的问题，很多企业还处于向工业化过渡的过程中。

按照彼得·德鲁克的理解，这些企业的管理系统就是一种类似于昆虫的甲壳，只能带动一个很小的规模，具备有限的协同能力。这种小文化企业的组织能力和管理能力都是十分有限的，若让他们成为城市发展的主要发动机，则需要更换管理系统，让企业的创始人具备经略全球文化市场的野心。

大文创管理创新的进程，有必要引入到中国文化产业发展进程之中，大文创产业管理基于文化产业规律，建立一个完整的产业生态，让各个主体都能够充分发展，并且将城市和企业中的所有资源要素都进行新一轮的重组。

管理的价值在于立足于原来的资源，将文化产业的潜能全部或者部分发挥出来，这是一个价值创造的过程。管理系统的变革本身，就是一种战略变革的机会。管理本身就具备催化剂的功能，人还是那些人，干的事情还是原来的事情，但是从人本角度将人与人之间的关系结构进行重组，本来干一千万的事情，经过管理变革之后，却能够干出十个亿的事情，这种奇迹的本身，就是人创造了奇迹。

从文化视角来看管理，不是去借鉴传统企业中行之有效的管理模式，而是在文化产业的独特思维和企业管理模式之间进行一次新的融合的过程。用文创思维来管理企业，则传统企业也就变成了一个新的文化企业。

所谓"他山之石，可以攻玉"，走出文化产业的边界，从边界之外来审视文化产业本身的发展，这是一个重要的看问题的视角。

美国麻省理工学院的教授麦克·哈默（M．Hammer）和CSC Index顾问公司执行长詹姆斯·钱皮（J. Champy）广泛地进行了企业调研，并在深入研究的基础上提出了企业再造理论。他们写了一本书叫《企业再造》，书中如此定义再造："为了飞越性地改善成本、质量、服务、速度等重大的现代企业运营基准，对工作流程进行根本性重新思考并彻底改革。"其中重点是企业流程再造思想，或译为企业流程重组（Business Process Reengineering，即BPR）。再造的首要工作或任务是BPR，只有将BPR做好，才能够使企业彻底摆脱困境。

这两位管理专家站在了互联网经济的门槛之上，他们构思如何运用信息化工具让企业经营透明化，战略目标清晰化，让不能够衡量的一些价值用新的方法衡量出来。

把企业当成设计对象，让"企业架构设计师"来设计企业的新架构，让企业运营能够适应不断变化的外部环境。

《企业再造》一书中谈及的大文创管理模式，当然不可能是完全原创的产物，我们都是站在前人的肩膀之上，将一些有用的管理模式置入到应用场景当中去。哈默和钱皮的研究是有借鉴价值的，大文创管理创新需要建立在一个信息平台之上，在20世纪80年代提出这个思想是了不起的事情，但是到了今天，已经是管理学上的常识了。

我们提倡的大文创管理模式创新，站在哈默和钱皮这两位管理思想家的基础上，将企业家、资本引述、文化产业、产业文化因素，以及能够用互联网方式组合起来的市场其他要素，放在一起整合成为一个完整的系统结构。

各个城市的文化龙头企业，以及一些文化产业类的上市企业，需要站在新的位置，对企业战略和整个经营进行重新定义，实现"再造和再设计"，没有这个认知过程，这就回到了哈默和钱皮的结论："当工业化（机械化）进程中遭遇混乱不堪的企业，只会使这些企业更加混乱。"

在企业大文创管理模式引入之前，建设巨大的硬件设施，引进无数的先进技术，但是体制还是旧的体制，这种没有方向感的做法，在战略层面上，意义是不大的。

大文创管理模式，将文化改造企业和金融改造企业这两个管理模块，与哈默和钱皮提倡的流程再造模块进行组合，在这里，将文化再造企业作为一种上位的管理模式，而不是一个平行的模式。大文创产业能够改造传统产业，让中小城市中的大部分传统产业都能够在城市的文化产业发展中得益。如果说大文创管理创新能够给文化企业带来新的价值，那么更大的价值应该来自于对于传统产业的改造和升级。为什么说大文创管理创新是城市的超级发动机，其魅力也主要来自这个地方。

再造是一种思维模式，它让文创人能够在平台上思考，思考原来只有工业企业管理者才会思考的问题。企业再造可细分为企业文化再造、企业战略再造、企业生产流程再造、质量控制系统再造、企业组织再造、市场营销再造等。这些再造工程，能够让文化产业中的商品、产业价值再上一个台阶。

但其中的核心和主线条还是文化再造，每一种细分的再造在某种意义上都是文化再造。进一步而言，任何根本性的再造必然都是文化性的，都是以文化因素为基础的。大文创也将以超级发动机的方式在其中发挥作用。

文化催化效应和社会繁荣

每一个健康向上的社会都有自己的"英雄",社会价值观实际上是由国家和民族的贤者塑造的。人们将价值观的核心赋予一个历史上的贤者,为家国献身的英雄,让他们成为一个近乎完美的人,然后将他们作为自己的生命偶像。

一个人的生命和生活状态,多数都与他心目中的偶像的价值观和行为有关。尽管有些人说自己从来就没有偶像,但是实际上他在心灵层面总会有一个更加抽象一点的偶像画像,他所坚持的价值形态还是有踪迹可循的。在这里,我将之称为文化的催化效应。

这些价值观汇总成一个大的共识,在现实中都会变成一种语境,人们的日常交流词汇都可能受到影响。

一个上进的社会,一定会有自己独特的语汇系统,这就是文化的社会塑造能力。企业大文创管理系统的价值在于挖掘自己文明系统的优质思想成果,将之变成整个社会的精神动力。在这一点上,作为深圳和全球创新城市的研究者,邱道勇先生是深有体会的。

"创投决"是全国知名的创新创投事件品牌,作为"创投决频道"的创始人,邱道勇先生认为一个城市其实是有自己的精气神的。他说:"从宏观上看,先进文化具有催化的效应,将带来社会繁荣,增强社会凝聚力。对于企业有再造作用,提高企业的生产效率,增加经济效益。文化产品和文化资产也在这个过程中实现自身的增值。"邱道勇对于文化价值观

 文创的本质

的理解，我是比较赞同的。

邱道勇先生对于深圳的创新发展，已经进行了连续20年的观察，他在深入访谈一些企业的创始人及团队的时候，发现这些创始人都对深圳城市的创新文化高度认同。深圳是一个自带创新基因的新城市，深圳也已经形成了自己的创业领袖。任正非、马化腾、张小龙等等，这些人在创立企业的同时，也建立了属于深圳的城市创新文化。

很多人都评述深圳是一片"文化荒漠"，但是邱道勇却提出了完全相反的观点，邱道勇举了一个例子。他说："在创投决举办的全国性的创新大赛中，来自深圳的风险投资人最喜欢问的问题就是：你的项目到底颠覆了什么？你们的技术创新体系是唯一或者第一吗？如果这个问题在其他城市的话，问题本身都可能被认为是一个伪命题，问出这样的问题都可能被当成有毛病。但是在深圳，这是很正常的事情。"

创新者的路演活动，你可以将他们讲故事的过程看成是一种创业创新文化的表达。创业者在台上做演讲，展示自己的项目，展示团队的创业精神，投资人和创始人的现场激烈的对冲性观点对撞，其表现形式完全可以如歌剧一样，现场可能有几百或者几千创业者同时观摩路演，这样的活动就是城市独特的文化活动。

邱道勇对于文化产业的理解，和文创圈的人理解的文化产业不同。这与我们研究的企业大文创管理创新倒是观点相似。大文创的产业思维认为，一切产业最核心的部分，其实都是文化产业，竞争领域的最高层级的竞争，都是文化竞争。

文化价值观对于处于生存状态的小企业不太重要，毕竟活着才是最重要的事情。但是对于一些已经具备发展规模和人才基础的企业来说，文化价值观的管理就处于管理核心了。我和一些文投集团的领导者进行沟通，当强调文化价值观这种管理概念的时候，得到了大部分领导者的正面回馈，但是也有一部分人跟我讲，说文化价值观是虚的，他们更希望看到干

货，能够拿来就用的东西。

我们能够举出华为的例子，华为在研发方面敢于投入巨资，几千亿人民币都投入到技术研发和基础科技研发中去了。这背后的支撑力量是什么？任正非说，华为是一家最穷的科技公司，为什么穷呢？因为大部分的钱都花在科技创新中去了。文化价值观解决了一个核心问题，就是让企业领导者相信，钱花在什么地方是值得的。

文化的导向作用是具备价值的，邱道勇创立了一个创投领域的平台，他将自己的思考写成一本书《创新之城》，将硅谷、深圳、特拉维夫等等全球创新城市中的人的思考总结为文化作品，并衍生为纪录片，并且将对于城市创新的研究成果输出给中国其他600余座城市，这就形成了一个独特的基于创新文化的产业，具备很强的经济价值。如果我们从产业视角来看，这个事业本身就是一种典型的文化产业形态。

华为之于深圳，它不仅仅是一家企业，一家具备时代引领价值的企业，其本身其实是一所大学，甚至比大学更具价值。华为的创新文化已经深入到了深圳这座城市的骨髓。邱道勇说，他考察了很多已经出走华为的人，他们在做事的过程中，都已经深深地打上了华为的烙印。

按照华为前副总裁，现在赛伯乐资本投资合伙人张俊先生的说法："华为有一个挣扎活下去的文化，而从来就不是什么高大上的文化，谈什么大战略，就是要生存下去，如果世界上有最强的对手，那我们就去挑战最强的对手，这是为了生存而战。处于生存边缘的群体，有巨大的爆发力。"

在张俊和邱道勇的对话过程中，张俊谈及自己受到华为文化的影响，并且自己是一个有为的悲观主义者，也是一个技术主义者，在60亿的技术资金分配过程中，大部分都投资了第二代和第三代半导体。奋进的悲观主义者需要和竞争者拉开距离才能够获得安全感。

大文创文化产业管理模式，直接的价值，能够为企业培养一批有进取

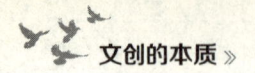

心的管理型人才。对于城市来说，能够间接获得大批有全球视野，具备在全球科技进步中力争上游的人才群体，而城市是由人才驱动的。大文创产业管理模式能够让城市文化投资者保持足够的远见，能够从战略角度看待一个企业的发展。不管是科技企业还是标准的文创企业，都要将一种文化精神表达出来，这种表达的形式可以是一个反映城市文化的作品。

确实，如果我们走到书店，或者进入图书馆，能够看到几百种不同的关于华为的图书，介绍华为任正非先生及其团队如何创办了华为，如何面对困境，如何在全球进行开疆拓土，这些图书作品，理应变成深圳大文创产业的一部分。这些图书产品，都是在讲述深圳的城市故事。

对于大文创产业管理创新如何推动企业发展壮大和城市繁荣的作用，我想用稍微严肃一点的文字进行记述一下：

第一，文化对社会具有整合的作用，这是社会繁荣的基础。只有用先进的、优秀的文化丰富广大社会成员的头脑，规范其行为，用正确向善的思想、观念、理论指导不同阶层社会成员的活动和行动，用合乎时代要求的思维方式和行为方式调适人们多种多样的活动，才能把社会各部分的力量整合到一起，最大限度地发挥文化的社会繁荣效应。

第二，文化还有提升社会繁荣的高效催化作用。在各个历史时期的各种环境中，推动社会繁荣的各种社会活动，都是一个变量。其中，文化活动对繁荣的催化作用是直接的，而文化之外的各种活动或变量莫不与文化有千丝万缕的联系，在文化的催化作用下推动社会繁荣。例如，在今天的信息经济时代，科技和知识文化资产已经成为推动社会繁荣的强大力量。其中的科学技术作为社会的重要硬件和因素，其作用与文化因素彼此密不可分，在社会繁荣中发挥着关键的推动力作用。而且，在与文化相互融合时，受到文化的催化，其促进社会繁荣的地位越来越重要。日益发展的科技对社会成员的素质要求也越来越高，这成为文化催化作用的着力点。因为社会成员自身受教育的水平、知识和各种技能的掌握情况、科学文化水平的高低等等，都是文化因素，又都与科技效能的发挥相关联。

第三，文化保证着社会繁荣的方向，因为文化体现着价值观。在现代社会各种思潮的彼此激荡中，社会成员不应迷失方向，而应该忠实地为自己的家庭、工作单位、民族、国家的利益服务。为此，每一个社会都要宣传和建立适合于自己的价值观和文化体系，使社会成员树立积极正向的价值观以及相应的信念、理想，引导社会活动向着符合社会和民族利益、前景的方向发展。正是基于文化中的价值体系，任何社会都要建立起自己的制度文化，用各种法令、法规、纪律、条令规范和制约人们的行为，有时还要从严治理，以保证社会领域中生产、服务等各项任务的完成，实现社会繁荣。

IP资产，星火可以燎原

彼得·德鲁克曾说："真正控制资源和绝对是决定性的生产要素，既不是资本，也不是土地或劳动力，而是知识。"

这句话其实也是大文创产业管理创新的核心观点。IP 资产在文化的催化作用中扮演着重要的角色。IP 资产即知识资产，指的是企业所拥有的不具独立实物形态的知识，如专利、商标、商业秘密、文化资产等。这种资产对企业的生产和服务发挥着长期作用，并能带来经济效益。国内这一研究领域的许多专家、学者也认为，企业的核心竞争力，实际上就是有效使用生产要素的能力，这尤其有赖于企业特有的与经营密切相关联的知识体系或 IP 资产。

哈默尔（G. Hamel）和普拉·拉哈德（C.K. Prahalad）于 1990 年在美

国《商业周刊》发表《企业核心竞争力》一文,将企业竞争优势的能力理论发展为企业核心竞争力(Core Competence)理论。他们将核心竞争力定义为组织中的积累性学识,尤其是有机结合多种技术流派和协调不同生产技能的学识。这里的"学识"一词,指的就是包括文化在内的企业IP资产。

各地城市的文化投资集团和文创企业,在本质上经营的都是自己的知识。而这些政府和企业首先需要将这些知识变成可以估算为资本的知识产权。这种确权,其实是大文创管理运营活动的基础,没有产权,就无所谓管理和经营。

IP资产具备很多好处,我在这里用一些文字来说明一下,更多的内容可以自己去查询。企业的创新或创意使其知识资产具有动态性。由于企业IP资产的固有特性,使其自身具有巨大的增值潜力,或是催化企业其他各类资产的增长。玩转IP资产,是文创人的必修课。

顺便说出这本书出版的理由,国内很多文创企业的管理者,无论是对IP的工序,还是具体工序中的具体艺术创造,总体来说,都缺乏相应经验和作业习惯,这是目前国内很多文投领域和文创领域的痛点。

企业大文创管理创新,需要匹配IP产业的思考方式、作业方式,来充分挖掘自身的创作能力。当然这里有很多成熟的案例可以去深入研究,但从我的观察,大文创管理的创新的关键在于IP公司该如何培养成熟的创作团队。

运用IP资产,并且进行精心运营,能够创造百年企业,也能够创造具备全球影响力的形象符号,这是我们在本书中提出的观点,星星之火可以燎原。

运营IP资产,在大文创管理模式中就是一种科学,也是一种规律。我们要顺应这个产业的规律。一个城市和一个企业,需要具备创造超级符号的能力。IP的本质,是情感。本质是跟人的心灵相关的,具备和情感相关的文化能量。这种文化能量是能够穿透理性判断的。

比如说年轻人喜欢宫崎骏和久石让,因为他们的动漫作品和音乐作品伴随了全球年轻人的成长过程,这些因素使得年轻人对于当代日本产生一些好感。一些人到日本旅行的时候,心里会一直抱持着这个理念,这种喜欢使得旅行者在判断旅行价格的时候不会觉得贵,而是因为自己一定要去,所以就会值得。人世间的很多事情,需要付出一点代价,但如果判断觉得一定要做的事情,那就不需要其他什么理由了。文化IP就需要让人直接跳过小的利益判断而选择直接购买,这种商业价值才是IP资产的核心价值。

对于国内的很多文化产业管理者来说,IP资产如何成为城市经济的催化剂,成为企业赖以生存的战略资产,实现持续盈利,这应该是最为关键的问题。在这本书里,我们从头开始分析一个全球性初级IP的诞生过程,就能够知道创立超级IP的一般规律。

对于文创人来说,打造超级IP,并且将其变成企业资产和城市资产,这是一种实现价值提升的实践路径。超级IP背后的动力系统跟我们想的不一样,是以基本情感为基础,加上故事,加上符号化。只有让大家觉得这些IP形象就是自己的玩伴,才能够和大众产生共鸣。

之前名不见经传的日本熊本县,位于日本西南部九州中央地带,这里有青山绿水,面朝蔚蓝的大海,自然风光不错,高精细农业发展也很好,有400年历史的城下町古城风貌,但这样的景观在日本却是寻常的。熊本县如何进行发展呢?这个问题,熊本县政府和地方农业合作社等组织几十年来一直都在问自己这个问题。

怎么做呢?熊本县其实没有熊,大草莓、大樱桃这种水果生产不足以吸引大城市的年轻人到这里旅行。没有办法,突破的关键只能寄希望于一些"生活开挂"的人才,找来找去,熊本县政府找到了日本知名作家和广告人小山薰堂,小山薰堂找到自己的搭档水野学,二人在一起喝茶聊天找

灵感。

水野学说:"创新不是从无到有,而是本来有这个东西,怎么样想办法让它生出新的产品。"小山薰堂同意水野学的想法,决定做一个适应网络时代的设计标志。用吉祥物来表达熊本县的形象,这种形象不是年轻人在屏幕上看到的表情包,而是在生活中的朋友。

水野学提出制作名为 KUMAMON 的吉祥物,结合"熊本"(KUMAMOTO)和熊本方言"人"(MON)的发音,意为"熊本人",由水野学来做设计。熊本熊的设计也就由此诞生了,这是一个憨态的黑熊加上两个标志性的腮红,表示熊本县境内有火山地貌。

从动漫的视角来看,加上两个腮红的熊本熊很可爱。水野学为熊本熊设计了很多可爱的标准动作,然后变成熊本县政府的知识产权,变成 IP 资产。

IP 形象,越使用越有价值。所以熊本熊的肖像使用权免费开放,只要能够符合使用规范,也不会向商户收钱。本来这种形象就是很讨人喜欢的,这激起了日本商户的热情。仅仅在形象设计两年之后,在日本有 1.6 万种商品中使用了熊本熊的形象。产品本身就是很好的广告载体,每一件流通的产品,事实上都是熊本县的义务宣传员。产品即媒体的思维在这件事上被用到了极致。

熊本熊的形象使用过程是完全人格化的,这是熊本县的一个创造。所有人都将熊本熊当成一个真实的人偶来对待。这家伙骑着自己的专属本田小摩托车招摇过市,胸前还挂着自己专属的相机。熊本熊有点儿小坏,喜欢和漂亮姑娘互动,有时候在街上,因为自己的小动作,被姑娘当街就揍了。

IP 社会协同很重要,如果有几十万人一直使用它,那形象就有生命力了。我们都生活在移动互联网时代,社会化媒体对于 IP 培育具有重要价值,熊本县的全民参与是一个重要的操作经验。

第二章 文化是个催化剂

熊本熊将街道和日常的生活场景当成了自己的舞台,而其他的IP形象可能只出现在政府的宣传册中。熊本县政府也和熊本熊一样玩疯了,县政府聘任熊本熊为临时公务员。县知事浦岛郁夫任命熊本熊为营业部长兼幸福部长,让这只笨拙的大熊来"振兴地方经济"。在县政府里,熊本熊不仅拥有自己的办公室,还开了专属的咖啡屋和旅馆。

熊本熊上任后接到的第一个任务,就是去大阪。"在大阪分发一万张名片,提升熊本县知名度",这个任务是在县会议上当众发布的。去大阪的路上,有大队的年轻人和小朋友跟随,在大阪街头掀起了一阵狂欢。这种营销更加"接地气",更加放下身段,接近和迎合了年轻消费者。

熊本县无意之间创造了一个新的职业,这个新的职业就是卡通公仔演员。一开始,扮演者都是政府工作人员,有点儿放不开。后来熊本县开始邀请专业演员参与其中,很多高难度的动作就能够做了。专业的表演能够表达熊本熊"呆萌"和"贱萌"的性格。它让人们能够感觉到,熊本熊在生活中是个不太聪明且可以随时欺负一下的小伙伴。熊本熊就是这样的一个形象,因为太聪明的人会给周围人一种压力。作为一个休闲生活的符号,不需要聪明。

熊本熊在现实中扮演角色,内容传播到网络,实际上是在社会场景中完成了内容的塑造,这是大众共生的一种策略。

熊本熊具备我们身边"笨小孩"一样的缺点,比如,很多视频媒体的传播都带来了很大的社会影响,比如掀女生裙子被女生揍,和其他吉祥物一起参加活动动手打其他吉祥物。在家里表演烧菜着火受到惊吓等,构建了一个完整的人格体系,于是熊本县和熊本熊之间,就有了一个完整的体验,熊本县有可爱的熊本熊,人们来到熊本县,其实带有看望一个朋友的感觉。

熊本熊这个全球性超级IP的推出过程,有很多新的玩法,这些就是面对年轻一代的营销创新。据熊本县有关统计,到目前为止,熊本县因为这项IP资产的打造带来年度100亿元人民币左右的新收益。熊本县一举成为新兴的旅游目的地。

从一个设计师的参与，到全县的社会协同，熊本县的操作带来了星火燎原的感觉。从宏观层面看的话，则是培育产业人才的土壤建设。但这两方面，因为功利性的产业现状，情况很难令人满意。熊本熊形象开放性带来了整体的收益。实际上，现代社会中的大文创企业是一个知识或IP资产的集合体，其IP资产存量决定企业创新和配置资源的能力，由此最终在市场竞争及企业产出中体现出优势。

第三章 玩转文化魔方

文化不动产管理

让我们继续回到乌镇,来谈谈乌镇在旅游小镇兴起之前,那些局中人是如何管理不动产的。任何一件留存下来的历史遗存,其实在背后都有那些杰出的不动产管理者的身影,他们隐藏在乌镇的后面,几乎不为人所知。

对于文化遗产的保护,往往需要一颗赤子之心。全国各地很多古老建筑没有在过去近10年里保存下来,都是为了近期的发展,而不再顾及远期的收益。建筑遗产是最直观的文化不动产,一个城市的历史遗存代表着这个城市的价值观和发展路径,一个能够从建筑中追溯历史的城市,也能够预测未来。

陈向宏先生是乌镇旅游股份有限公司总裁、乌镇景区总规划师,这位被知名画家陈丹青誉为"奇才"的人,是个智商情商都极高的人,能写会画会设计,出身商人之家,对于商业经营具备独特的敏感性,也具备江南人那种执行力。他为乌镇今天的发展奠定了基础,陈丹青甚至认为如果没有陈向宏先生早期的努力,今天的乌镇有可能在大开发过程之中被零星拆解,变成另外一个样子。

乌镇的老建筑采光不好,整个设计是按照旧时代的习惯和风格构建的,小镇经济到了扩张期,小镇中的居民都希望日子过得舒服一点,所以一直在进行现代改造。这种改造在20世纪80年代就已经开始了,到了90年代初期,这种一家半户的零星拆解变成了大部分人都想将自家居住条件

第三章　玩转文化魔方

推倒重来的愿望。在当时，小镇虽然古色古香，但是对于刚过温饱的小镇人来说，觉得宽敞明亮的公寓才是值得追求的。彼时的乌镇，没有旅游收入，小镇居民无疑是看不到希望的。

对于古镇不动产的管理实践，人们有改善居住条件的愿望，但古建筑是不能够动的，一旦动了，就难以恢复了。按照乌镇人的说法，当陈向宏1999年接手主持乌镇旅游开发的时候，乌镇是"破败小镇"。确实是破败得厉害，改造前的乌镇，水质不好的河道长满了水草，两旁的古建不是现在这个样子，现在眼里真正的江南，那时候，两岸很多房子只剩下"屋夹子"，很多房子瓦片都没有铺上。

小镇里的情况很复杂，面对各种难以理顺的关系，用当地人的说法：陈向宏随时可以化身为体制，又随时化身为一个江湖，随即又能一转身，变成一个文人。他面对的是一个江湖，还有一个体制。在这样一个涉及多方利益权衡的过程中，需要强硬的手腕。很多镇一级的领导者在干事的过程中，稍微出现退缩，就被多方利益撕扯并被反噬的情况其实并不少见。

陈向宏所面对的问题，其实是当下文旅小镇开发过程中的普遍难题。90年代中后期，新的发展观并没有发展起来，人们对于环境价值还没有认知。乡村关系是极其复杂的，而陈向宏则是那种"情感细致观察敏感，并且有着雷厉风行作风的人"，乡村和文旅小镇的开发需要这样的领导者存在，没有极强的目标管理意识，和把握全局的管理艺术，则很难将一个小镇文化改造和建筑物业管理好。

文化不动产管理需要注重细节，对于区域内的设施需要做到心中有数。在这一点上，作为保护开发者，陈向宏做到了心里有数。陈向宏曾经说："我对乌镇实在太熟悉了，熟悉到连街上的臭味来自哪个茅坑，还是来自谁家的臭豆腐，我都分得清。"

正是凭借这种熟悉，才能够保护开发，并且能够一家一户地做工作，将小镇人的意见统一起来。他在全国古镇中率先提出"历史街区再利用"的理论，这个理论框架提出来之后，保护小镇就成了当务之急，已经拆毁的需要恢复，那些存留在小镇的名人故居，需要说服居民搬出来，进行复旧，保持小镇文化原来的样子。在恢复的过程中，几次被人泼粪，这些工作需要耗费巨大的心力，但是他一次次面对而没有退缩，他可以理直气壮地高声说服，而他所做的事情，并不是为自己，而是为乌镇。

陈向宏对于知识分子具有骨子里的尊重，这种尊重也给他带来了自己独特的气质。陋室铭中"山不在高，有仙则名；水不在深，有龙则灵"的表达，也符合他在小镇开发中的思考。有灵魂的建筑在于有人，人留下的精神遗产和建筑合二为一，既然乌镇有这样的价值沉淀，就需要一点一点恢复起来，恢复人文是一个复杂任务。没有一颗"文艺之心"，怕是很难去做这样的工作。

对于文旅小镇和文化不动产的管理，陈向宏对于乌镇气质的走向认知至关重要。真正能够让小镇有持续吸引力，在硬件基础上升华出气质来，这才是文化管理者的真正价值。

文化管理者本身一定需要理解文化产业的发展规律，才能够分辨出文化不动产管理中的价值。乌镇在建设过程中，现在也不是原来的样子，作为一个面向世界的景点，很多建筑材料都是从外地买来的。很多古建都是人家准备用挖掘机推掉的东西，一旦这些古镇开始大拆迁的时候，陈向宏和他布局在"长三角"和山西等地不少类似于"线人"的人，就将那些老街、老桥和老建筑都整体购买回来，进行建材编号，修旧如旧，比如去乌镇看水上剧场的断桥，那是整体搬来的，在这里实现最好的保护。这创造了一个"迁移式保护"的模式，在全国文化不动产管理之中，这是一种创新，对于全国各个地区老城改造和古建筑保护起到了非常重要的示范作用。

陈向宏先人一步，在20世纪末21世纪初，他就带领乌镇建设团队这么做了。别人视为建筑垃圾的老城区的拆迁，却使得一些古建在乌镇重新复活，给了旅客最好的体验，那是因为陈向宏将"长三角"很多区域内的古建都集中在了一起，将不动产变成了动产模式。很多住在古建里的人，可能都遇到一些人出价购买建筑，然后整体拆解运走，而这些人可能就来自于乌镇。

对于文化不动产的管理，陈向宏是有完整经验的，这些经验来自于他对乌镇重建工作的细节参与度。很多人可能从来就没有看到过一个地方领导会像他那样自己亲自规划、选择和设计小镇的每盏灯、每块牌子和石块，挑灯夜战，亲自为小镇建设画图纸，一画就画了上千幅。这种执行力对于文化不动产的管理至关重要。

乌镇旅游小镇的发展模式，在陈向宏先生的领导和引导之下，在硬件齐备的情况下，就开始了新的探索。比如戏剧节的创建就是一种尝试，乌镇戏剧节到目前为止也已经成为乌镇的一张名片。很多地方剧种和古老剧本、现代剧本都能够在乌镇找到一个长期稳定的舞台，这其实是对非物质文化遗产和文化形式的一种保护。

当然，乌镇后面发展得越来越好，后续的管理者和领导者也能够在这个基础上做得更好。今天，如果我们进入乌镇，会发现其景区管理模式整体是有秩序和次第的，单从水质这一条就能够让人比较喜欢了。

陈向宏的大文创管理模式，对于我来说有很多启发。本书中一些关于管理的想法，很多都是在和这些实践者的交流过程中得到的。文化不动产的管理模式，需要事无巨细，这是有才干的领导者做事的第一要素。

文化不动产的管理，并不是文创人完成的，而是需要深度理解文创规律的经营者，看一个景区和文旅项目，首先就要看看这里有没有一个合格的领导者。陈向宏在乌镇的管理实践，对于全国同类文化产业项目的发展，无疑具备极大的借鉴价值。文创不动产这种管理，也需要经营者具备首创精神。

陈向宏无疑是朴实的，朴实的能人带出了小镇管理能力极强的团队，因为这种事情都是真抓实干，来不得半点虚的。陈丹青和陈向宏有过很多深入的接触，经历过陈向宏办事的过程和风格，陈丹青对他的评价值得全球文旅小镇的管理者思考："贼聪明的能吏，善周旋的官员，会盈利的老总，有理想的士子，所在多多，集一身者，眼前就是向宏。"

文化不动产的管理，需要兼顾各方利益，不同的利益主体都能够被统合起来。正如陈向宏在这么多年管理乌镇文化不动产过程中说的这句话："我知道领导要什么，知道老百姓要什么，也知道文人艺术家要什么。"

目前，乌镇文化不动产管理团队已经在全国进行一些古镇的模式化开发，2010年的时候，在北京北郊密云司马台长城脚下开发古北水镇景区。"大包工头"陈向宏在古北水镇带领几千人，重建和拓展水镇景区。目前，小镇已经成为北京旅游目的地之一。这里是出走乌镇的一个不动产管理模式的实验，因为在三年的周期中运营良好。2013年，乌镇旅游投资部门在陈向宏的领导之下组建中景旅游管理（北京）有限公司，致力于国内景区的建设与连锁管理。在全国，更多的古镇开发项目也已经进入了陈向宏的视野。

乌镇的不动产管理经验，可以从陈向宏的团队实践中找到答案，形成自己的系统性的操作模式。但总结一下，在管理上当然也是有其独特的规律需要遵循。而作为文化不动产，又比通常的不动产开发和管理要复杂许多。作为不动产，文化不动产的管理也包括以下三方面的基本内容：

一是营建管理。传统的不动产营建开发流程包括营运计划、申请建照和杂照等，以及不动产开发、施工、产权登记、交付不动产等内容。大体上，从兴建、完工到销售期间的业务项目都属于营建管理的范畴。良好的营建管理，尤其要注意确保施工过程之中的施工质量、人员安全、设备正常运作等。

二是营运管理。不动产在销售或租出后便开始进行营运。营运的方式依照不动产的类型而有所不同，如商用不动产、休闲不动产、工业不动产和其他类型不动产等。即使是同一种类型的不动产，在营运管理上也会存在诸多的差异。

三是风险管理。不动产在开发时除需要注意可能因经济、产业、政治、社会等环境因素变动造成的影响之外，因自然环境或人为因素突然造成的问题，以及开发营运管理过程中因参与者发生影响不动产营运的问题，都是不动产营运可能遭遇到的风险，都需要加以管理和控制。为了对付不动产可能面临的任何风险，几乎所有的不动产都会参加保险。保险的类别也会有许多种，经营者或开发商需要选择适合自己的险种组合。由于不动产并非消耗品，存在的时间从数十年到几百、几千年不等，在开发过程中比其他产业的产品更需要重视建材的选择、设计以及开发方式，甚至经营和维护管理方式，这样才能达到建筑持久使用的目的。

文化不动产是一种凝固的音乐。英国的建筑史学家尼古拉斯·佩夫斯纳（Nikolaus Pevsner）曾经说过："房地产并不只是材料、土地、功能等的简单组合，楼盘并不是水泥加钢筋而已，建筑物产生于所要求的文化和精神。"这就表明，一个楼盘只有注入了文化内涵，才能够增加其价值。单就产品本身而言，建筑物是很容易过时的，只有依靠附加于楼盘上的文化，形成文化不动产，才能够持之以恒。不过，作为文化不动产，较之普通的不动产又有其特殊性。

文化不动产的经营和管理，最关键的是紧扣文化主题，要在整个文化不动产项目中自始至终贯彻文化内涵。从一开始，文化就必须是不动产项目的主线，项目定位、规划设计、建筑风格、营销等都要围绕选定的文化主题展开，不能只是简单地为一个文化不动产项目戴上文化、历史、旅游的"销售帽子"。一旦定位，以文化主题打造不动产，项目所有元素就应该围绕文化展开，使文化不动产项目成为真正的文化项目。这是此后文化不动产项目管理的基础和方向，管理方式、方法虽然千变万化，但万变不离其宗。

在文化不动产的经营管理中,还应该将文化内涵渗透到项目中,也渗透到项目的管理之中。就不动产项目的内核来看,要想成为文化不动产项目,当然必须围绕文化来展开,让文化成为不动产项目的价值核心和精神内涵所在,而不仅仅只是地产营销中的亮点。在规划和实践中,还须基于项目定位选择相应的文化特色,构建贯穿景观规划、建筑设计、营销体系、物业服务管理等全流程的文化价值,让不动产项目与文化主题真正地实现融合,成为一个可以产生酷体验的整体。这样,文化内核和主线清晰明了,项目的各环节和管理都围绕主线展开,在以文化为主导的建筑规划、创意设计、园林景观、营销体系、物业管理服务的系统工程中,文化元素也就转化为不动产项目的内涵。

在文化不动产经营管理的系统工程中,文化主题在项目建造中的操作和管理,应该以大营销为中心,其中包括管理,这是文化不动产实操管理的重要部分,关系到项目的成败。

大营销过程可以区分为前、中、后三个环节或阶段。首先是营销的预备,主要表现在文化景观的创意和展现、建筑立面的设计和实施等各个方面,这些都应该从最开始就由专业的建筑规划和设计单位介入,如此方能在实践过程中充分理解不动产的目标文化特点,并选择合理的切入点将其融汇到建筑细节之中,达到文化内涵外显的目的。

中间一个环节是营销的切入环节,营销方式的文化融入相对来说比较容易,结合文化的题名、文化气氛的渲染,或策划、举办相关的文化活动,都可以快速地形成与客户的互动和接触,并在文化基础上营造心理和感受上的共鸣。

最后一个环节,对管理的要求凸显出来。相对于大营销第一环节的专业团队煞费苦心打造,大营销中间环节的软性的达成共识,最后一个具体运营管理的环节也是最困难的。后期的文化打造涉及物业管理、运营团队的凝聚和管理、开发商的参与、业主的管理等多维度的"生态链"。这一阶段和环节，需要由物业管理部门和开发企业做好各类硬件的维护，并在经营和管理中，根据需要持续加添与文化主题相融汇的新元素。这一阶段，也更需要业主与运营团队加强互动，共同打造自身在整个系统中的文化定位。

引入工业化管理模式

对于文化不动产的管理，是本书需要阐述的主要内容之一。在和一些文投集团领导者交流的过程中发现，很多领导者和管理者认为文化产业具备特殊性，但是在运营层面上没有什么不同，基于文化规律的组织构建还在探索之中。

实际上，我们在做文化不动产的时候，管理的是一群经验丰富的工人群体。在运作过程中，是完全工业化的，具备标准化的流程，有共同的标准和流程。但是如果我们想要造就一个旅游文化品牌，就要管理一群创作者和创意者，这是一个复杂任务。个性化体验是创作的源泉，但是过度的个性化则难以进行系统性协作。没有大规模协作的创意行为还是低效的，中国的文化产业之中，比如电影工业较为典型，它还处于一种向标准化和工业化管理行进的过程之中。

"向文化管理要效益"，这句话放在企业大文创产业运营的过程中是正确的。目前，大文创产业管理的痛点主要表现为过程管理的可控性上，复杂协同的文化项目中，需要统一的清单模式。

目前，中国文化产业在管理上还有差距，即使是宏观巨制，也缺乏规范的体系，不利于创意协作。这样的文化管理过程是主观的，表现为缺乏数据的管理。在财务上，容易形成金钱管理的黑洞，实际花费可能比预算多出数倍，也缺少用款的具体数据记录。以电影产业为例，其呈现的结果虽然不错，但却要使用数以亿计的大量投资，效率很低。制作团队却不过是"草台班子"，管理和各种流程都比较混乱。整个制作过程由导演指手画脚来推动。

当前许多的文化产业活动，都需要从这种一个人说了算的状态，升级到几百人协同工作的规范体系。因此，中国文化产业进一步的发展，还在于管理上的升级，在文化产业中引入工业化管理模式，通过对人的管理使顶级创意人才脱颖而出，建立起过程规范的系统，由此完成向大文创管理的转变。这也是一种统筹规范的系统，由此形成企业大文创管理的创新机制，使电影制作和文旅产业、园区都能产生清楚的数据；这也是一种工业化管理模式，消除管理过程随意性和权力干预性，使所有的参与者都知道要干什么、该怎么干。比如一个100人的编剧团队，怎样协同编好一个剧本，如何实现最佳的执行。这就需要借鉴、学习甚至引进国际上成熟的工业化管理模式，如好莱坞的编剧模式及好莱坞电影制作的流程管理等。在美国，文化产业的管理已经相当成熟，这些已经都不是创新了。好莱坞实行的是扁平化管理或称为"生态化管理"，实际上，这是一种全球文化产业典型的工业化管理模式。

文化产业从无到有的发展，一步步地实现增产，就需要尊重文化发展规律，尊重人，使用顶级创意人才。尤其对于文化企业而言，所有的管理都是人的管理，要选择"英雄"，让团队中的创意英雄脱颖而出。

大文创管理的目的，就是建立一种让人才脱颖而出的机制，并且人才能够在系统框架之内做事。电影工业是典型的工业化项目。管理得好的电影项目，往往具备巨大的催化效应。《我不是药神》这种故事感很好的电影，即使没有特效，只在简陋的室内讲述故事，也能够获得30亿元的票房。

如果将国内一些影视企业和韩国影视企业的制度进行比较，就会发现在内容创作主导者的地位上，中国编剧在产业流程中的地位比较低，而韩国则一定程度上认可编剧才是整个影视产业展开的核心。因为这样才符合这个文化产业的产业规律，创作者打造的故事和故事核（即故事中的核心情节或细节）才是文化产业运作的核心。

好莱坞电影制作是一种典型的工业化管理模式，还可以更形象地用"流水线"来形容这一好莱坞模式。当然，这种模式重视突出顶级人才的作用和人的创意，这尤其表现在明星制度上。一家好莱坞的制片厂在管理制度上一般有5个特征：

第一，编剧过程通过分工合作来完成。一部电影要火起来，首先就要有能够吸引观众的剧本，而每一家好莱坞的大制片厂，都会收集成百上千的电影剧本。这些剧本的来源包括剧本经纪人、聘用的专职编剧、征稿等。但这些剧本中能拍成电影的却少之又少。从一个创意到用于拍摄的电影剧本，往往要经过许多年的时间。

电影剧本也是通过许多编剧再加上剧本分析师、剧本大夫、剧本经纪人等，在分工协作之下完成的。其中，剧本分析师评判和分析编剧所完成的剧本；剧本大夫的作用则是修改剧本，他们原本就是收入不菲的剧本编剧。整个的编剧过程俨然一个完整的产业链。

第二，生产不同类型的商业电影。好莱坞的那些巨头更经常性地关心所推出影片的商业价值。因此，他们生产的电影，一般在表现形式和类型上雷同，看上去似乎不具独特的个性。其实，所有的创意都隐藏在内容中。这样的模式化制作，有利于对制片进行工业化管理。

以编剧或剧本的内容制作为例。好莱坞电影的编剧模式是在各类商业片中加进相应的板块。这些电影一般由小故事和大故事组成。一部90分钟的电影，常以小故事开头，一般占到10~15分钟的时间，有时可有多个小故事。这些小故事主要起到下述作用：

首先，构成开头的小高潮，为的是让观众有兴趣看完整部电影，吸引观众的眼球。在这个小故事之后，就进入通常的叙事过程。

其次，小故事还提供主角的职业、行事习惯、性格等基本资料。这可以吸引观众进入到角色之中，产生与角色的共鸣。

最后，作为大故事的引火线、引子，或为以后的突变埋下伏笔，也为电影主题的叙述做铺垫。

小故事就像是宴会之前的小碟凉菜，使观众胃口大开，引出后面的大故事。大故事则类似于大餐。简洁明了的小故事，结局总是成功的。但大故事一般都跌宕起伏，使观众想看到一个峰回路转的结局。以电影《金蝉脱壳》为例，一开始男主角成功地越狱，这是一个小故事，告诉观众男主角是一位检测监狱可靠性的越狱专家。此后展开的大故事，则是另一次越狱，但出了差错，经历一系列波澜起伏后，才越狱成功。电影中的小故事与大故事似乎关联不大，其实具有很重要的作用，表现出编剧的创意。

第三，采用流水线的生产方式。好莱坞的制片厂内部的分工相当细致。从故事的创意到拍摄完工，制作的每一个环节都有明确分工，由相应的部门进行集体操作，个人的创意融合到集体的协作中。这些制片商拥有各种拍片的设施，如大型摄影棚、颇具规模的制片厂等。在外景地还建有整座的市镇、村庄、车站、码头等，为拍摄一部西部片，还可能购置大型的牧场，并饲养大批牲畜、马匹等。

在制片厂里，技术人才和艺术人才齐全，都有严谨的合同，由此形成不同部门彼此协作的专业队伍。制片商还控制了全球或全美许多地方的电影院和电影发行网。

第四，制片人的权力更大。在好莱坞，制作影片时制片人的权力远大于导演，这是联结金融投资与电影制作过程的关键环节，也是实现电影商业价值的关键要素。甚至为了保证电影的盈利，制片人可以随意更换演员、导演等，还可以临时改变电影的剧情。

第五，用明星制度来保证创意。很明显，流水线式管理下的电影生产方式，会使影片越来越缺少创意。因此，好莱坞的明星制度就诞生了，这就克服了流水线式管理制度的许多弱点。好莱坞的制片人都热衷于寻找有明星潜质的演员，并将这些人打造成明星，使他们在观众心中具有特别地位，具有巨大的票房价值。这是好莱坞保证电影利润的最有效办法，又符合使顶级创意人脱颖而出的大文创管理原则。

好莱坞经过了近100年的发展，已经形成了自己独特的模式，国内目前占据主导地位的明星中心制，好莱坞也早已经跨越了。韩国人在反思影视工业的时候，尊重创作者，让创作者获得大牌明星才有的收益，这才是一种正常的体制。明星和并不出彩的内容结合，其实是一种基于短期价值的收割性策略，这种模式是不长久的。

工业化管理模式是企业大文创管理下文化产业发展的关键因素。迪士尼公司的百年发展史是这方面的典范。1919年，沃尔特·迪士尼（Walt Disney）与乌比·尔特·伊沃克斯（Ubbe Eert Iwerks）相遇，这两个青年非常投缘，他们成立了伊沃克斯-迪士尼商业美术公司。伊沃克斯漫画技艺堪称一流，沃尔特则富于商业头脑，思维敏捷。迪士尼最初是靠米老鼠起家的。其中，沃尔特是商业运作的构思者，伊沃克斯则是米老鼠的卡通形象的设计者。在那艰难起步的岁月里，伊沃克斯曾经创下一个工作日手绘700张卡通漫画的奇迹。商业运作加上创意，成就了迪士尼的成功，沃尔特和伊沃克斯两人正好在这两方面取长补短。

1955年，全球首个迪士尼乐园由沃尔特在美国洛杉矶建成，取得了巨大成功。这一创意导致迪士尼公司的一个飞跃。直到现在，全世界已经建成6个迪士尼乐园，分别位处洛杉矶、奥兰多、东京、巴黎、香港、上海。迪士尼乐园不是主题公园的开山鼻祖，却是主题公园中连锁规模最大的。从1955年建立洛杉矶迪士尼乐园开始，迪士尼就成为当代美国最具影响力的符号和标志。此后的1983年，在日本东京迪士尼乐园建成，同样获得令人瞩目的成功，被称为"亚洲第一游乐园"。法国则于20世纪80年代末在巴黎兴建迪士尼乐园。在2000年，中国香港特区开始筹建迪士尼乐园，于2005年9月12日开园。上海的迪士尼乐园于2016年6月16日正式开园。在各地次第开花的迪士尼乐园体现出企业大文创管理的工业化模式特色，表现出复制和增长的模式。

每一个迪士尼乐园都蕴含了丰富的文化主题和创意，将动画片中的刺激、魔幻、色彩等表现手法，与游乐园的多种功能相配合，并应用现代科技，为游客打造出充满奇特、梦幻、惊险的世界，使游客在其中感受到无穷乐趣。迪士尼乐园除童话仙境之外，又是一个大集市和市民中心，其中附带着商业小镇、老祖母农场、科学幻境、童子军巡逻队及旋转俱乐部等。迪士尼乐园的特点是堆集了许多游客可能熟悉的信息和符号。为使这些符号能快速地被消费者所识别，就通过精心地复制，以保持其原汁原味。在各个主题公园之中，游客似乎既能得到发现的惊喜，又可获得识别的满足。伴随迪士尼乐园在美国、日本、法国、中国的发展，迪士尼幻境几乎成为虚拟的代名词。

当然，这些迪士尼乐园，几乎有着一模一样的模式，都具有万物家园、冒险乐园、新奥尔良广场、欢乐园、荒野地带、未来世界、米奇童话城、美国大街等8个主题园区。迪士尼乐园所取得的圆满成功，还带来强大的示范效果，使主题公园这一游乐形式在全球各地得到普及推广，这些成功中，最值得注意的是迪士尼成功背后的工业化管理模式。

扁平管理和金字塔管理

好莱坞的电影产业的管理模式,已经进化到一种以互联网资源连接生态化、自组织化的扁平管理模式。其中,我们很难去找到一个核心引擎,他们是一个完整的协作网络。这种协作网络遵循一个共同的协作清单,所有人如果参与到这个体系之中,就需要一个最基础的共识,所有人都要按一个共同的协作协议来运作。

我们提倡的企业大文创管理模式,实际上也是一种多方协作的生态协作模式。好莱坞有4万名影视工业专业人员,他们在网络生态之中自动构建成为几千个工作小组,这些工作小组都具备独特的能力,能够完成影视工业的一些项目的分包。

这些人可能连项目都不认识,但是在见面寒暄之后,就能够很好地投入到工作当中去,专业人和专业人之间有共同的默契,知道自己该干什么,别人该干什么。其实从总体上来说,这种模式的管理成本是比较低的,这种平台生态模式,对于中国城市和国内大型文化企业的管理,具有很好的借鉴价值。

好莱坞是一大群创意人和营销推广人的结合体,这些创意人本身又是懂行的影视项目投资人。这种模式是经历过无数的经验教训之后,形成的一个有效的协作体系。在这里,影视人才具备极大的流动性,能够服务于不同的项目,对于那些具备创意能力的人,无疑是一种友好的制度设计。

然而金字塔管理结构也有其优势,在一些管理场合中还占据主导性的

 文创的本质

地位,尤其是在提供标准质量的物质产品制造过程中,还具有很强的管理效能。

金字塔型组织结构的特点是结构很严谨,企业员工之间的等级森严,各个岗位之间的分工相当明确,这就有利于监控工作的完成情况和项目的进度。实际上,金字塔型的组织是一种严格纪律型的组织结构,其目的是实现内部的良好控制,以保持组织的高度凝聚力。用这种方式管人,或许还可以保证员工表面的忠诚度,但在复杂变化的现实环境中,如果继续沿用这一方式来管事、管业务,就会导致一系列严重问题。尤其当企业成长到一定的规模后,就更是如此。

比如,提供文化不动产建筑工程,就需要一种金字塔式的管理模式,所有人都按照一个规则来。但是,随着管理工具的改善,沟通的便捷,在过程中也有一些迭代和改进的地方。著名的管理学家彼得·德鲁克指出:"组织不良最常见的病症,也就是最严重的病症,便是管理层次太多。组织结构上一项基本原则是,尽量减少管理层次,尽量形成一条最短的指挥链。"

事实上,金字塔式的管理结构自身也在进化之中,比如好莱坞的六大制片公司和四大经纪公司,他们执行的是一种金字塔式管理和扁平管理结合的方式。外包的事情大多数都是扁平的,而企业内部则保留了很多需要标准化完成的工作。

创意产业和标准质量制造产业之间的不同之处在于,同样一个任务,如果在标准制造企业中,分配给甲和乙的任务,两者完成的项目效能基本是一样的;但是在创意产业中,同样的任务,分配给甲和乙,就可能出现十倍百倍的效能差别。所以从大文创产业管理的视角来看,将项目分配给"正确的人",决定了项目运作的效能。

谁是正确的人呢?这些人是在实战中锻炼出来的,比如乌镇陈向宏团队。这些正确的人可能并不在企业之内或者城市之内,问题的关键就在于

谁能够将事情呈现得最好。这种横向寻找的机会很多，做事的方式基本是开放和透明的，这种工作逻辑和金字塔式管理模式是不同的。要想在一个层级管理模式中脱颖而出，是需要很长时间的。因此，紧抓现有职位，沿着组织的等级阶梯往上爬，成为企业中每一个成员的主要人生目标。这种结构难以为员工的创意和创新提供动力。

很多地区文化产业平台是金字塔管理体制，这有历史的原因。管理者很多都是之前的事业单位和政府工作人员，这些人在新的扁平环境中一时还难以适应，在改革过程中也会遇到不少困难。我发现一些问题，在文产企业中更加普遍，即城市文化产业管理团队具备很好的政府关系，但是在团队中缺少真正的运营性人才，很多人只是觉得这些部门是写写文章的边缘部门，没有将之视为城市新的发展驱动机构。割裂的多层负责制倾向于在内部形成信息屏蔽模式，从决策到执行是一个漫长的过程，这和当下要求高的创意能力和高的执行能力进行配合协作的情况不同，总体来说，这些企业的管理水平不高。

总结起来，这些文化企业需要在以下方面做一些工作：

首先，锐意进取的文化企业领导者是不可少的，无论是企业还是城市文化管理平台，最重要的事情就是选拔人，领导者的风格倾向于扁平管理，这种管理模式才能够建起来。其次，扁平化企业组织是一种大文创管理的架构，尤其有利于文化企业的创新和创意。因打破原有的部门界限，员工还能跨越原来的中间管理层次，以团队协作的优势直接面对顾客并对公司的战略目标负责。

扁平化企业组织形式表现出如下特点：

一是实行目标管理。扁平的企业组织在下放决策权给员工的同时，又实行目标管理，既以团队作为基本工作单位，也让员工自主做出工作中的决策，并为之负责。对于创意者而言，放进来几个高效能的创意人员，就会推动整体的创意效能提升。

二是以工作流程为中心。扁平化企业结构是围绕着有明确目标的几项核心流程建立起来的，而不再是围绕职能部门来构建组织结构。部门职责也随之逐渐淡化。

三是企业的资源和权力下移到基层。扁平化的分权管理，使权力中心下移，各基层组织之间相对独立，能尽量减少决策在时间和空间上的延迟过程，提高决策的准确性和有效性。因员工拥有部分决策权，还能避免客户信息向上级传递的过程中出现失真与滞后，客户的要求能得到快速反馈和处理，大大改善了服务质量。这使顾客需求成为企业运作的驱动力。

四是纵向管理层次得到简化。企业扁平化促使组织的管理幅度增大，简化传统的烦琐管理层次，削减中层管理者的职位，使企业指挥链变短。

五是扁平化企业能快速适应市场需求的变化。扁平化的组织形式能够有效运作，其决策触角直接伸向市场，能根据瞬息万变的信息及时进行决策，并能立即得到响应和执行。

六是有利于减少管理费用的开支。扁平化组织结构由于管理层级少、人员精简，加上在企业中应用计算机的辅助功能，实现信息传输和处理网络化，办公室租用、办公设备、用品及活动经费的开支等都得到减少，从而节约了管理费用。

七是优秀的人才更容易得到成长。在当今时代，需要一大批人才优化组合才能支撑一个杰出的企业。而在扁平化管理中，层次差别不大的管理人员尤其一线管理人员必须直接面对市场，独立行使许多原来由高层拥有和行使的职能。这对管理人员的组织管理和决策能力提出了更高要求，人在实战中更容易快速成长，也更容易形成彼此互补和合作的团队。

八是使用现代网络通信手段。企业内部与企业之间，都通过使用办公自动化系统、大数字技术、管理信息系统等网络信息化工具进行沟通，大大提高了管理的效率与幅度。不要过度看待层级概念，企业需要有一个共识，谁有最好的创意，都可以提出来，供领导者选择，一个开明的领导者会注重发挥员工的积极性、主动性和创造性。

现在，经济和社会都有了长足发展，"互联网+"的时代也已到来，文化因素扮演着越来越重要的角色，沟通、互动、共享成为当今时代的特色。传统的金字塔型组织结构，已变得越来越难以适应时代的要求。但目前国内的企业组织，大多还是采用金字塔型的结构，改变是必需的。企业应该向扁平化的组织转变，实现富于创意的企业大文创管理。

扁平化的组织形态，能焕发文化企业的活力，使创意者在企业中崭露头角，也有利于培养和引进顶级创意人才。由于移动互联网技术的发展，工业化管理模式的逐渐采用，都使得企业领导者的管理幅度得到扩展，企业管理的中间层次也可相应缩减，扁平化的组织逐渐成为发展趋势。这一结构实际上是与金字塔型组织相对的，组织管理的层次减少，管理控制幅度加大。相对于金字塔型组织一级一级地层层传递指令，扁平化的企业组织因管理层次减少，上下沟通的中间环节就少，使得信息传递速度加快，处理问题的效率大为提高。团队创意和执行都得到大幅度加强，员工积极性、主动性、创造性发挥出来，满意感也大为增加。

我们从来就不是教条主义者，认为扁平化管理模式就好，金字塔式管理模式就不好，这是黑白二分的思维。我通过自己的观察发现，一个文化集团换了领导，其实就已经将企业放到了大赚和大赔的天平上了，领导者是真正重要的关键元素。无论什么样的管理模式，都需要一批真正能够立事干事的大小领导者。扁平化的企业就是在于培养这样的一群领导者，靠人去创造奇迹的思维总是一个正确的方向。

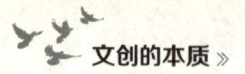

用激励机制推动文化创新

企业大文创管理机制设计过程中,我们的目的就是让人实现自我管理。既然在文创产业之内每一个人的产出效能是不同的,那么发挥他们自己的效能潜力就是管理的目标。

自我管理的假设基于人的主动性,这里是有内在逻辑的。彼得·德鲁克将这些从事创意工作的人称为"知识工作者",知识工作者其实就是专业人士和专家的别称。知识工作者的效能是21世纪的管理核心。大文创管理者需要明确一个认知,即在工作中首先要找到能够主动工作的人,这些人具备自我超越能力,愿意终身学习,具备将一个项目推进完成的能力。

在理想状态下,企业是不应该培养人的,企业的目标就是找到最具效能的人,而不是让一个小白变成一个专家。企业在短期内不具备改造人的能力,理想的管理状态就是让强者更强,而不是让弱者变强。

这是大文创管理中的一个管理原则。企业有限的资源需要提供给最能做事的人,其实在任何企业内,这都是一个符合商业伦理的逻辑。激励能者,惩罚弱者,这是商业运作的主要执行方式。正如华为公司创始人任正非所说:"做管理,就是要将我们的英雄选出来。"

显然,在一些设置前提的思考框架之下,我们就需要去建立合适的激励机制。很多管理者忽略了激励工具在管理过程中的驱动作用。激励工具其实就是"智慧棒",对于很多具备主动工作能力的人来说,激励机制能够提供更多的动力，让人主动工作；而管理常识告诉我们，主动工作的质量和效能是被动模式所不能比拟的。

企业中的文化创新，需要在大文创管理的思维下，建立创新激励机制加以推动。这一机制，本质上就是一种人性化的人才激励机制，目的是促进大文创企业的创新和创意。不仅要建立起顺畅的内部晋升之路，设定具有吸引力的报酬制度，还应该打造容忍失败、鼓励创新的文化氛围和环境。这样就能够保持和激发员工创新的激情和热情，充分调动大文创企业创意人员的积极性。而在这一思维的指导下，企业中一切真正的创新，都是文化创新。

对于大文创产业管理这个特殊的行业而言，激励机制一定要活学活用，这是很简单的思考模式，也就是在哪里做出了成果，受到什么样的奖励和荣誉，是分等级的。在文化企业中，创意人才创造的成果是不确定的，但是当他们一旦拿出来一流成果，就需要配套相应的激励机制。

从某种程度上来说，文化管理本身就是一个把即将去做的事情变成一个个目标，但这个目标的激励定价是不一样的。管理者除了列出这样的目标清单和激励清单之外，好像也没有其他更加重要的工作了。这样的管理原则，其实在任何产业中都是适用的。

在文化领域，激励不仅仅是内部激励，更重要的价值还包括外部激励。因为顶级内容不一定都是在内部产生的，有大概率的可能性是在外部产生的。

比如针对外部智力资源的征集模式和征召模式，就是文创产业项目中经常使用的模式。一个好故事，可能只需要写出几千字的故事核，在这个故事核的基础上是可以进行无限拓展的。从效能方面来思考，虽然一个好的故事核只有几千字或者只是一个核心的设计理念，但是创作者和设计者理应得到超额的报酬。

很多人说征集模式只选用头部的资源，对于尾部的资源使用是一种浪

费,其实事情是不能够这样看的。文创领域本来就有一个规律,一个杰出的文创者可能比一百个一般水准的文创者更加具备生产力。正是这种资源的稀缺,所以逼迫一般人才做杰出成果的管理,大多数情况下效能并不理想。

我曾遇到一个县域内的文创发展情况,当时文化部门立项,要将地方近几十年的历史做一个系统化的梳理,文化部门也出了一些预算,结果出来几路人马争这个预算,他们觉得既然只是一些文字记录,那么一些退休的教师和之前文化部门退休的人都能够担起这个事情。结果出来好几本出版物,都是流水账,顶多算一个记录体文字,不能给地方文化增彩。

举这个例子的目的,就是想说明这个客观事实,在大文创管理的激励机制中,一定要激励正确的人。"重赏之下必有勇夫"的传统方式做事,在文创领域,可能是行不通的。

现在来谈谈激励机制的设计问题。我发现一些文创领域的能人,他们的管理模式上虽有一些"草莽",但是在很多时候都是有用的,这些在业界被称为"万灵药"的人,他们是如何做事的呢?其实,他们的管理模式就是将事情给予一个善于进行自我超越的创意者,并尊重这些创意者,给予足够的物质激励和精神激励,让这些创意者觉得自己是事业的主人。事实告诉我们,在文创领域,好的领导者应该是创作者的一个好助手、赋能者,而不是摆领导架子的人。聪明的领导者能够驱动能人,但是不会被能人反向驱动,失去对于企业总体目标的定力。国内的"明星中心制",就是老板被大厨"拿"住了的反面管理典型。

大文创企业的创新激励机制,还要以调动员工创新积极性、保证创新工作有序进行、增强员工创新能力为目的和宗旨,以最大限度地发挥出企业文化创新的潜力。具体的实施应该包括以下4个方面:

第一,建立科学有效的创新考评规则。文化企业需要建构一套衡量创新成果的考核评价规则,这是对创新成果进行考核激励的基础。如前所述，这样的考核评价体系必须具有客观性和公平性，并有利于奖惩规定的兑现。评价规则的内容要细致、全面、客观，指标应该尽可能量化。这样就能减少人为主观评价的偏差。还可以借鉴国内外著名大文创企业的创新评价模式，并结合自身实际进行相应的调整和修改，使评价更适合本企业的情况。

第二，健全创新激励的落实方法。文化企业要健全创新激励的方式，使员工创新所得与创新成果产生的价值相搭配，强化创新工作的考核和奖惩兑现。由此激发企业人员的创新积极性。可以从精神激励、文化建设、物质鼓励3个方面予以完善和加强：

一是予以精神激励。制定一定的衡量标准，对达到这些标准的员工，可授予荣誉称号，并享受一定的权利，如在选优和评先时加分等。

二是融入文化建设。把创新纳入到企业文化建设的内容中，在企业成员中间打造一种创新被尊重、创新光荣的优良文化氛围，凸显企业对创新人才的格外尊重，使他们对企业产生更多的归属感。由此而激发其创新的内在动力，以至于自觉地利用所掌握的专业技术等多种知识，进行创新和文化创意活动。

三是配合物质激励。物质激励的形式包括奖金、工资、福利、奖品等。还要在职务的晋升上，将创新成果和能力纳入到考核内容。当一项创新或创意成果产生之后，文化企业的管理部门就应根据这一成果所具有的预期价值，或根据创新成果应用于具体工作所产生的即时价值，用事先设定的计算方法求出一个比例值，作为员工创新成果的酬劳。

第三，建立激励创新的工作机制。首先要确定相应职能责任人或部门，确立创新激励的机制和制度，以进行创新工作的评价与考核。在具体工作开展前，常常还需进行相应培训。

第四，创新成果的保护工作。通过保护创新和创意产品的知识产权，可以防止创新和创意者的利益受损。这也是对创新的一种激励。

中国文产之路：借鉴、创新和全球化

这些年来通过自己作为文化企业的管理者的角色进行的观察实践，同时也在交流过程中借鉴和观察过不同企业的管理理念和管理流程后，我发现，这些文化企业是缺少管理的，而缺少管理的企业基本上都是半死不活的。

我觉得文化管理者首先要解决视野的问题。中国的一线城市在管理观念和国际水准上比较，其实并不逊色，但是少数人的高水平不能代表行业的高水平。我们需要一种普适的管理工具，能够解决大中小各种文化企业的管理问题。这当然也是本书想要提倡的一件事。文化产业的管理是一个与时俱进的事情，其实没有统一的标准，但是会有一个基本的管理原则，我觉得能够提供一些简单的管理原则就足够了。

乌镇的文化管理水准和一些老牌的欧洲旅游区比起来，其实一点也不逊色。但是中国文化企业在全球化领域进行文化营销的能力显然是欠缺的，好在中国文化产业进步的速度是快的，原因是文创人能够不断受到全球最优文化管理企业的刺激，向标杆学习是进步的必经之路。中国的文化产业必须走借鉴、创新的道路，还要推动全球化的发展。前述好莱坞制片业和美国迪士尼公司的例子，就说明中国文化产业在借鉴的基础上创新，又在创新的基础上借鉴的重要性。

迪士尼的6个乐园，有2个设在中国，表明中国文化产业市场的巨大，而迪士尼的经营方法也值得我们借鉴。中国的大文创产业有着丰厚的传统文化资源，连迪士尼公司也在使用这些资源，动画片《花木兰》的制作即是一例。实际上，中国的大文创产业更有条件和优势使用各种传统文化资源，并借着传统文化的资源走全球化发展之路。

迪士尼进入中国，无疑会使用大量的中国员工，迪士尼的管理原则无疑会让这些中国员工有一些深切的新的认知产生。好的企业就是一所好学校，有时候比大学的文创专业更能够培养文化产业的管理人才。迪士尼的管理模式具备若干个层次，也有若干个视角，从事文化投资的人可以从投资的视角来体验迪士尼的资本运作模式，以及他们的投资逻辑。从IP资产管理方面，迪士尼有100年的经验和教训；在乐园的落地运营方面，也有足够的运营细节管理经验，如果抱着学习的态度，则能够在参与运营的过程中获得知识。

其实，谈大文创的管理创新，最主要的工作就要完成本土化和区域特色化。越是民族的就越是世界的，学习是为了弘扬自己的特色文化，而不是将外部文化引进来最终却迷失掉自己。中国在过去几十年中，引入了很多潮流性的主题乐园，但产业效益一直都比较差，没有什么生命力。试想一下，对于本地已经存在几百年和上千年的文化价值系统，以前所未有的方式去管理它、运营它，这才是一种文化管理的创新。

在充分发掘传统资源的基础上，中国大文创产业的可持续发展必然要走全球化道路。改革开放以来，尤其是近10年来，中国的国际地位大幅提高，经济也得到迅猛发展。这就使国际社会更充分地认识到异于西方文明的东方文化，引起全球范围对中国文化的热情，为国内大文创产业走向国际创造了巨大的市场需求。

文化企业的全球化是一条必然要走的路径，在中国，龙头型的民营文化企业还没有完成"走出去"的历史阶段。走出去的模式，主要是"讲好中国故事"，作为一个全球经营者，也需要"讲好世界故事"。但是最重要的一点，就是用好全世界的文创人才，创造奇迹的事业，归根结底要靠人去完成。

在文化产业的全球化过程中,国内有竞争力的企业可以通过注资或直接投资海外文化企业,建立起中国文化产品的全球营销网络,以便能够多种渠道进入世界文化市场。中小文化企业也可按自己的实力,以积极参加国际文化展销、合作出口等方式,寻找国际合作之路,以实现文化产品和服务走出国门。而大文创企业一定要瞄准全球市场,根据区域之间的差异,开发出合乎进口国当地精神需求和价值标准的产品,分阶段、分地区进入全球市场。

中国文化元素的本土区域化开发,加上借鉴、引进和创新,也将会促进本土文化的国际化发展,电影、电视、漫画、游戏以及对应延伸产品,都可以全面进占全球市场。用一流的文创作品说话,这是文化产业中的硬实力比赛,其长久的商业模式,就是"内容为王"和"全球化视野"。

第四章
向快餐金融道个别

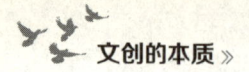

科技投资向左，文化投资向右

无论是科技发展还是文化发展，都需要借助金融的力量，快速配置资源。对于做实业的人来说，资本就是高一个维度的物种，有人说实业经济就是地上爬的物种，而金融资本是天上飞的物种。实业经济需要一步步打基础，而金融资本则可以做到快来快去，获得利益。所谓"在商言商"，我们必须承认，在市场中，赚钱是硬道理，商人赚钱是无可厚非的。

但是金融资本市场是估值经济模式，天然地会产生"泡沫机制"，即投资者在价值高估的时候进行策略型的退出，以获得资本套利。近现代资本市场已经存在几百年的历史了，资本市场形成了自己的运作逻辑，那就是金融运作逐步脱离了实体经济，形成自成一体的套利游戏模式。最近10年来，中国的民间资本和社会机构都在推进一种叫"资本思维"的运作模式，本质上都是在做一种"空对空"的资本运作方式，企图在资本运营过程中实现"一夜暴富"的梦想。

毋庸置疑，一夜暴富是一种最为理想性的投资理念。实业企业在资本运作者的眼中，只是一个杠杆的支点，更多的价值实现方式，在于眼花缭乱的资本运作套路。并且，自诩拥有资本思维的人，认为自己的思维模式高于实业思维一个等级，在认知层面上认为实业坚守者是一种老土和传统，媒体到处在讲述"投资三年增值百倍"的故事。这种价值引导机制，让资本市场显得很浮躁，包括一些上市公司在内，经营者也认为资本运作的基本模式就是如此。

华尔街的金融文化对于世界资本市场有着巨大的影响,显然,金融资本在过度透支实业企业进行套利的时候,导致的后果就是产业经济和金融资本的分离。法国经济学家托马斯·皮凯蒂(Thomas Piketty)在其所著的《二十一世纪资本论》中说,利润分配模式向资本方倾斜的现状,这导致了更多的不平等。这里的不平等,不仅表现为对于普通工薪财产阶层的影响,而且对于中小企业同样不利。金融巨头能够左右资本市场,呼风唤雨,控制媒体,制造故事,这些运作模式,其实也深刻影响着全世界大大小小的资本市场。

从多层次的资本市场视角来看待文化产业的发展问题,我们会发现在多层次资本市场中,存在着各种资本形态,这些资本形态和我们实业企业一样,有不同的性质区分。

例如,华为公司的基本股权制度设计,就远离公募资本市场,他们手里有大量的资本积累,而他们的布局首先是服从于企业的战略,而不是和一般套利资本一样去股票市场中进行套利。企业领导层明确表示:"我们不做房地产,我们只做跟电子流相关的事业。"资本投资在什么地方,基础科研和企业自己的专业领域,资本在华为手中,就是典型的产业资本,这种产业资本是有专业性的,也就是我们提倡的价值观——资本为实体经济服务。

又如,硅谷投资资本是典型的风险投资资本,这些资本也是有自己的独特价值观的。他们投资于"能够改变世界的、具备颠覆性技术的创新型、初创性公司",这种资本当然也是有价值观的,他们有对于原创技术系统的投资偏好,或者在资本运作领域的资源,具备对于科技企业的投后管理能力。这样的资本运作基于独特的能力积累。

科技投资向左,文化投资向右,这是一种将科技创业和文化创业放在一起思考的策略。我们应当理解,在科技领域的风险投资基本都是由具备专业投资经验的资本机构去完成的。科技领域的投资具备高度的不确定性，往往投资了十个早期项目，但只有一个项目能够存活下来，所以活下来的那个项目一定是需要有高回报的，如果没有高额回报，那些资本的生存就很困难。所以大众在听风险资本讲故事的时候，需要知道这样的一个背后逻辑，风险资本如果想要讲失败的故事，那么可能97%（一般创业失败百分比）都是失败的故事。

如果一个投资项目被称为基本奇迹，那么回到基本面的时候，其实风险资本的总体日子并不好过。但对于文投资本来说，奇迹思维是有害的，我们在投资过程中，需要一个长长的回报期，根本不存在奇迹，而是需要长期做好扎实的基础工作。

在企业大文创管理模式中，我们主张要充分利用资本市场的力量，但是需要资本领导者具备产业规律思维和价值观引导两种领导力的构成要素。

各地城市的文化投资集团，需要建立自己的价值观和愿景，并且善于坚守这种价值观。这些投资集团的老总知道自己在干什么，这是非常重要的一件事情。

在多年之前，我和一位云南的地方政府管理者去看过一个项目。这个官员职务不高，我们在现场看的时候，发现他在指挥建筑项目运作的时候，拒绝使用寿命比较短的建筑材料。他还因为青砖使用的问题，和一个设计单位的老总当场吵架，最后将部分外露的青砖改为基础石料，因此整个建筑费用增加了不少。

这个细节我当时没有问，后来他因公出差到北京，我问了当时他和设计院老总吵架的事情。他马上就觉得不好意思了，说："让您见笑了。那个项目的设计运作，作为文投资金方面使用监管方，吵架是正常的。一些人在做文化地标性建筑的时候，还是希望用水泥钢筋应付了事。您想想，这种建筑在这里是要立几百年甚至一千年的，做文化投资是要对历史负责的。不知道您有没有这种感觉，这里的一块基础石材，在几百年之后，游客还能一样抚摸。我刚去过明长城，铺设城墙的工匠可能想不到，几百年之后，还有一个人在这里缅怀他，想到他放置这样一块砖的状态。"

简单的水泥砖木建筑，表面古色古香，但是很难经历岁月的洗礼，一个小官员能够站在千年的角度上思考问题，我觉得很了不起。这件事情过去了很多年，但还在我心里。我在很多场合都讲述过这种做文产投资的态度，我觉得从历史来思考，这是文化投资的基本素养。

文化投资和科技领域的风险投资放在一起分析，就会发现二者的投资逻辑是相差很远的。在科技创投领域，快餐金融是天然配套的体系；但是在做文化投资的时候，我们就不能有这种快餐金融的思维方式。很多地方政府在投资过程中，一直使用的是一种逻辑解决所有项目问题。

一般而言，整体经济和产业的驱动力，主要来自于科技和文化两个方面。从西方发达国家的情况看，大体上科技因素可以驱动经济的60%，而文化相关驱动在经济中占据了大约30%的动力，还有10%的经济驱动力来自于政府的产业政策和产出战略等方面，这一方面的驱动作用，可与下述制度创新这一驱动轮相比拟，实际上还是与文化因素有着极为密切的关联。

在一些新的城市建设中，分配给科技部门的资金和分配给文化部门的资金，需要使用不同的投资逻辑。但在互联网时代，大部分产业之间的边界都开始模糊了。这种大融合的态势已经变得越来越明显。文化产业高科技化也是一种趋势，基于数字技术的文化产业构建，则需要投资者做出新的思考。

我们在投资文化和科技结合的项目的时候，需要新的制度设计，鼓励创新往往需要在制度创新层面展开来。就科技创新和制度创新而言，这两者就好比车的两轮，借着双轮驱动，不偏不倚地稳步前行。其中体现的是科技因素和文化因素的双重驱动作用，"科技投资向左，文化投资向右"，就能够使经济不左不右地快速发展。科技创新和制度创新的过程，实际上

就是一个释放科技和文化驱动力的过程,结果是使经济和产业得到发展的活力。这两大创新又必然地影响大文创企业的发展,表现为企业大文创管理中的"科技投资向左、文化投资向右"的双重驱动作用。

蓝图大成本,复制小成本

慢思考是符合文化产业规律的主导性思考方式,但是文化产业在技术革命的总体场景中,部分产业经济也具备了快经济的特征,开始具备"指数式发展"的潜力。"蓝图大成本,复制小成本"是企业大文创管理的新规律。

2018年诺贝尔经济学奖得主保罗·罗默的内生增长理论,就充分说明了创新本身和IP资产的巨大价值,后期产品流通和分发的成本,则显得微不足道。正是由于这种"蓝图大成本,复制小成本"的增值机制,当文化产品进入市场大量畅销时,就可获得极高的利润。

在著作权资产领域,文学著作权和软件著作权的保护模式是相同的。理论上,软件运作模式和文学著作权都是数字资产,在运营逻辑上,二者是相同的。软件业产生了很多世界级的企业,其实从文化著作权出发,也一样能够做出很多世界级的企业。

C语言等各种计算机语言的价值增长,也反映出"蓝图大成本,复制小成本"的增值机制。C语言的开发花费了巨大的资源,需要天才在前端完成创作,但一个人却可以免费得到计算机语言的指令和规则等。不过,要成功地应用一种计算机语言,并且达到精深理解的话,培训是必不可少的,而进一步的深度培训却又花费不菲。这就使得C语言的拥有者通过

"蓝图大成本，复制小成本"的规律，获取巨大的收益。可见，在企业大文创创新管理中，要善于运用这一规律，以实现企业的大幅增长。

在音乐产业的唱片时代，制作一张唱片，前期耗费极大。因为要制作出听众和创作者都能够满意的高音质唱片，需要在录音、编辑、混音、作曲等许多方面耗费大量精力、时间、金钱等。此外，还必须有创意，这更是难以把握而需大量付出的。但当母带制作好了以后，复制成本就极低了。

制作一部影片也是一样，剧本、演员、场景、道具、化妆等成本都很高，需要耗费大量的财力、人力、物力等。但是，一旦电影的母带制作成功，拷贝起来的费用就很低了。各种软件也都提供了明显的例子。软件IP资产部分的高昂价值，有时甚至是无法估量的。但有形的软件光碟或软件下载，其成本与前期软件作品相比，可以说微乎其微，有时几近于零支出。各种专利产品都是很好的例子，专利本身的价值很高，但专利的使用费相对来说却要低得多。

金融资本如何和文化产业数字化进程结合起来，作为文化产业未来发展的一个主导型方向，建设和维护文化不动产，这是一个扎实下功夫的基础管理工程，在这些文化地标基础上，发展面向未来的文化产业"独角兽"，则是一种追求。

北京大学教授陈少峰先生对于文化产业发展做了很多深入的研究。他提出一个文化产业的运作模型，叫"一鱼多吃，一鱼永吃"模式。这种在知识产权基础上的衍生开发模式是没有限制的，对于文产资本而言，投资形成不断增值的永续经营，这对于很多投资者来说，是有价值的，他们也愿意走上一条这样的发展道路。

"一鱼永吃"模式，其在文字上的描述是很棒的，可能类似于一个民间故事，一条鱼，肉吃完了，吹一口气，又变成了一条完整的鱼，可以继续吃。这是一个带有理想性的模式，真的存在吗？按照陈少峰教授的框架，其实就是资本和 IP 结合，形成一个完整产业价值链的过程。

IP 投资者其实在文创圈中人数不少，但是真正将事情做好的人也不多。我在分析原因的时候，其实就是被一种叫作"快餐金融式思维"给害的。也就是说，这些在文创领域的投资者，其实并没有尊重这个产业的投资规律。继续用一个炒股票的散户思维来投资一个文化项目，典型的电影投资者就是这种逻辑。

投资需要有长期的战略规划，投资于一项事业，而不是一种炒作概念的游戏。很多大电影的投资资本是没有底层框架的，投资的行为几乎都表现在项目投资上，一个电影在剧本成形、各种规划已经成形的情况下，作为一个资源组合进去的，对于项目开展得好不好，往往基于一种对赌的心态。按照陈少峰教授的观念，故事知识产权、形象知识产权和 IP 品牌，是一个连续运作的体系，资本需要的是一种"渔夫"心态，而不是"吃鱼者"的心态。文化投资是一场长期运营的事业，不是一次炒作碰运气的游戏。要建立在知识产权基础上，"长期使用，多次开发和持续变现"这样的操作模式才是符合产业规律的。

数字技术进步对于文创者是一个好消息，视频和音频将成为文化产业产品的重要核心载体。谷歌大学校长、未来学家彼得·戴曼迪斯（Peter Diamandis）说："一旦一个产业的产品可以进入完全数字化的领域，不再受物理形态的羁绊，这个产业就进入了指数式经济的范畴，能够按照指数式发展的模式高速发展。"

拥有独特的内容是一种护城河，独特的知识产权能够借助互联网和物联网，进入新的发展阶段，无论互联网平台有多么强大，这些平台永远都是缺少内容的。而拥有优质内容的企业在和这些巨头进行合作的时候，就多了一份机会。

一个大文创产品或文化资产从创意到进入市场实现其价值的过程，可分为前期和后期两个阶段。如形象地描述，可以将处在前期阶段的大文创产品看作一个蓝图。拿出一份蓝图，需要有好创意，还要给予精细的设计，这些又都与专业知识和专业技能的积累密切相关。因此，制作蓝图需要付出大成本。相应地，还可将后期的文化产品看作蓝图复印件，产生复印件的成本是很低的。

实际上，可以将前期的文化产品称为作品，对前期的作品必须进行精心打造和设计，这是一个创作、创新、创意的过程。随着文化产品的不断完善和演化，相关 IP 衍生品的不断产生，文化资本的价值会越来越高，但运作成本却变得越来越低。

文产曲线模型

如果我们在进行大文创产业投资的时候，只有一种投资模型和一种行动哲学的话，那是无法面对市场现实的。对于投资人而言，需要借鉴不同行业的投资模型，让一些文化投资企业和集团能够全面评估自己的投资模式。拥有多种解决方案的人，比单一行事框架的人，更具竞争能力。

对于文化产业进行研究，需要一个完整的周期发展模型，将文化产业规律置入到模型中。这样，任何人都能够结合自己的实践案例，用来分析自己的文化投资策略和产业曲线模型之间的关系。工具往往是极简的，将行业最重要的几条规律经过价值排序之后，建立一个分析框架。有了分析框架，在投资的时候，可以避免一些战略级别方面的错误。但是一个分析框架是代替不了现实的，做事的过程中瞬息万变，所以还需要系统性思维。有了系统性思维，加上灵活快捷的应变策略，可以解决一些问题。世界一流的投资机构,一般都有自己的做事原则,也有自己独特的知识分析框架。

高德纳曲线是全球知名的科技产业模型,反映了科技产业的成长规律;文化产业生命周期曲线则反映文化资产不断增值的过程,显示文化产业自身的增长规律(见图5)。文化产业与科技产业的增长规律是很不相同的,这可以从高德纳曲线及文化产业生命周期曲线的两相对比看出来。而反复比较这两个曲线模型,就能对这二者的差异和其中奥妙有更深刻的认识。

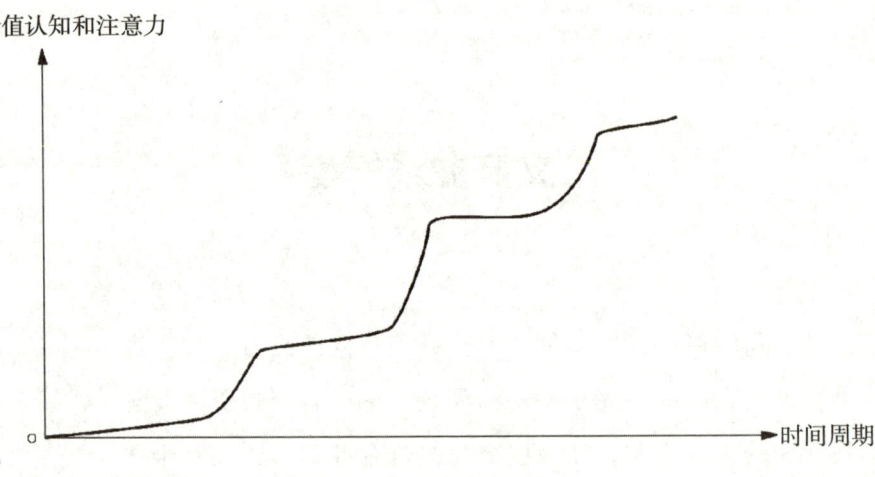

图5 文化产业生命周期曲线

实际上,文化产业生命周期曲线是在对比高德纳曲线的基础上获得的。这样就在理论上建立起一个比肩体系,从而用建立模型的方式,来描述文化产业或文化产品的生命周期,并讲述其价值实现和价值增长的理论。后来,我在研究中发现,在宏观上,这条文化生命周期曲线,虽能够恰如其分地说明文化产业或产品的生命周期,但在解释文化资产的增值过程时还需要做一些修订,由此就建立了这条文化产业曲线模型(见图6)。

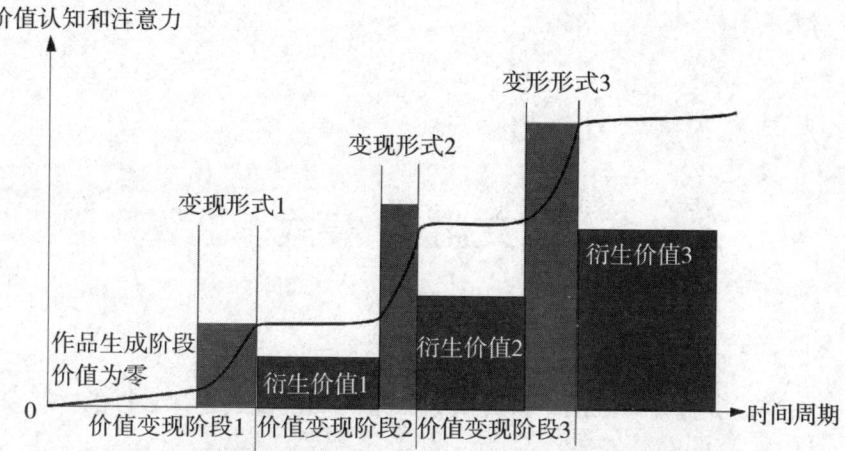

图6 基于文化产业曲线具体IP运营价值实现路径分析模型

文化产业曲线分为几个阶段，首先，头部文化资源的甄别阶段以及作品分析；然后是确立知识产权池，第一次转化和价值飞跃；再到第二次转化和价值飞跃。IP资产的跨界运营和衍生模式落地，形成多场景的运营模式，并且形成和新IP的集群突破模式；接着为了保持整个IP的生命力，需要为IP资产喂养新的时代故事，让IP拥有和年轻人对话的生命力。

文产曲线模型可以用来分析几乎每一个文化投资企业，包括世界级的文化企业，在使用这些分析工具的时候，能够提供尽可能多的视角组合，来完成一个框架性分析，从而在借鉴分析中更加接近文化产业的本质，提高投资成功率。

这条曲线有着与文化生命周期曲线相一致的、不断上升的总趋势，但在细节上还可以分成周而复始的两个阶段或区间。平缓的区间反映增值过程中的等待期，有时候可能是漫长的等待期；陡直上升的区段则反映一个快速跳跃期。这条曲线呈现出不断上升的长远趋势。每到等待期之后的跳跃期，都因实现了文化资产或IP资产向资本的转化，或因实现了能级的跨越，文化产业或文化产品出现了一个快速增值的过程。在漫威的发展历程中，特别显著地表现出文产曲线的特点。

"文化+"模式

中国很多后进地区的小镇经济,未来的发展模式是什么样的?

在文化产业中,一个本来没有任何文化资源的地方,是很难一下子导入到文化产业发展轨道当中的。我们必须容忍这个转型周期的存在。对于小镇而言,头部资本是很难直接进入的,一般情况下,大城市的边缘小镇,往往具有较大的文化开发潜力,但是对于边远地区而言,发展只能够靠自己了。靠自己的方式就是"走出去",主动去连接资源,将小镇制造的价值链进行升级改造,获得一些被动等不来的机会。

文化和科技的融合是趋势,但是对于小镇经济而言,很难拥有将几个跨界资源结合在一起的运营团队。但是可以参与到一些大的文化运作系统当中去,这是一条出路。在"文化+"的模式中,即使把握产业链的低端,也能够逐步实现产业升级,获得新的发展机会。

小镇经济本来是一个小循环经济,而一旦被置入到文化大循环的经济中,就有了腾飞的机会。独立的产品制造供应链很难在一个小镇建立起来,但是小镇经济如果主动和主流的文化IP企业进行跨地理连接,小镇产品就有了变成创意产品制造的可能性。创意产品本身是有一定附加值的,这是一种价值链的平移策略和跳跃策略。

从我的观察来看,小镇经济在发展过程中,可以先走"文化+"模式,然后逐步过渡到"资本+"模式。理论上,我们在发展经济的过程中,可以弯道超车,其实弯道超车的可能性是比较小的,该有的发展阶段,一个阶段可能都不会落下，都需要补课。在扎实发展文化制造业的基础上，培养一大批人才出来，才能够成事。

根据后工业化理论，在当前的后工业化社会中，存在着物理、信息、观念三类产品。不过，在实际生活中，人们看到的三类产品常常不是相互孤立的，大多数情况是你中有我、我中有你，而且产品中的文化因素都相当突出。这就形成了"文化+"模式，表明文化无所不在的融入，而这融入又成为取得效益的前提。

对于观念产品的概念，国内的经济学界已经研究了几十年，他们研究的方向就是如何在融合文化的基础上，产出具备更好体验的工业品。被誉为"改革四君子"之一的经济学家黄江南，提出复合型产品的观念。未来任何工业品都是制造业基础加上精神体验基础两个部分，在企业的大文创创新管理中，要注意在产业中形成富含文化因素的复合型产品，这将带来广阔的增值前景和成长机遇。这也意味着复合型产业的巨大发展空间，如中国台湾的文创农业。

中国台湾地区的文创农业是比较有名气的，受日本乡村文化建设的影响比较大，但是局限于狭小的市场，虽然融合了很多的创意，市场价值还是不大。很多台湾农民到了福建、浙江进行"文化+农业"模式的开发，将一些在台湾地区的经验在这些地区利用起来，就取得了很好的效益。

台湾地区的文创农业有10倍于大陆普通农民的经济效益，这个课题在网络上有很多深度研究的文章，读者可以自己去综合查阅。文化发展的模式，需要小镇的生活者具备一定的审美能力，人们对于营造总体的环境具有一定的共同诉求。比如我们走进日本的一些乡村，看到这些村民虽然年事已高，但总是将自己的房前屋后的绿植修葺得很整齐，有些人家建起了小花园，院子边上建起了小山水景。不要小看了这个行为，其实这是一个发展阶段的产物，人们普遍有了维护自己生存环境的要求，如果聚居在一起的人们有好几万人，人们都开始做好自己的环境，则"文化+农业"

就会有一个比较好的基础了。这些加上一些总体的品牌事件的打造，结合乡村花园的构建，一个旅游小镇也就有了雏形。这种自发组织规划环境的行为，对于乡村发展是具有重大价值的行为模式。

目前火起来的乡村民宿，也是借鉴了一线先进地区的农业发展经验。比如，韩国、日本，以及中国台湾地区普遍是小农场发展模式，这些小农场模式大体上田地面积在30亩左右，这种小合作社型的模式，一旦和一些城市资本结合起来，就能够形成不同的"文化+旅游+农业"的新功能体。

没有城市资本介入的民宿产业，发展水平上是参差不齐的。但是城市资本进入到乡村，由于国内的土地制度是国有的，只有使用权而没有所有权，大资本的投入很难形成资产，所以对于旅游小镇的建设，在总体上是不利的。但还是有突破路径的，那就是引入文化资源和知识产权，实现软硬件的融合，土地捆绑知识产权，知识产权的使用置于投资方名下，或者与土地授权方共同拥有知识产权，那么土地授权方是无法赶走投资者的，因为一旦毁约，投资方就会收回自己的知识产权使用权，这是种相互制衡的机制。土地垄断权和知识产权的垄断权结合在一起，分割的话就是价值毁灭，这对于引导城市投资者进入乡村和小镇，是有价值的一个发展思路。

能够积累资产的"文化+农旅"项目，采用合作社的体制，可以吸引城市文创人才参与进来，将养老模式和文创经验带进来，推动地方经济发展。这种以知识产权落地的土地招商模式，我称为"文化农地产模式"，这是一种合伙人制的方式，可以推动农业和乡村小镇经济的新发展。

结合文化产业本身，复合型的产业更是意味着"文化+"模式。如文化+地产、文化+旅游、文化+投资、文化+农业等。就某一个企业或文化产业而言，如果在与其他产业的融合方面较为缺乏或不足，就会使自身价值增值的能力受到限制，造成经济收益不足的结果。但一旦成功地进行融合，文化资本就会成为一个催化剂，使产业或企业实现无限的价值。

这一模式涉及多层思维，实际上还可看作是对文产曲线模型的应用。在"文化+"模式下成功地进行产业运作的案例，比比皆是。韩国的釜山就是一个以文产带动城市发展的典型例子。该市的产业经济，原本是以造船业为主的重工业，后来转而发展文化创意经济，形成文化创意加造船的活力产业架构。

政府观念支撑：两种视角看文产

政府观念的转变，在民间常被称为"市长思维"，政府的社会发展责任，主要就是为城市地域的经济发展提供一个相对宽松公平的环境，也需要搞好文化建设，培养城市和小镇的生活方式，打造城市的文化魅力。政府需要把握好自身在文化产业发展中的职能和定位，用社会效益和经济效益两种视角看待文化产业或文产。这是一种大文创管理的视角，只有这样，才可能打造出一个优秀的文产城市。

长远视角和文产项目的现金流视角，是两个视角的组合，政府规划和城市主导性的文化投资集团需要充分理解两种视角的价值，才能够"做时间的朋友"，将投资的资产变成优质资产。

按照文化比较优势分析理论，地方政府需要在文化产业构建过程中，发现地方文化的地位，这种地位对于周边具备一定的辐射能力。例如，一个博鳌会议，就不仅仅是能够救活一个城市，还能带动周边地区发展。实际上，一个城市的文化产业也必然会对周边地区产生很大的影响。如果放眼世界，就会发现这样的例子还有很多。英国伦敦是创意之都，创意经

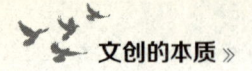

济产值占到 GDP 的 15%。法国戛纳是电影之都、意大利米兰是时装之都。因此，在用两种视角建立中国文产城市的发展模式时，还应该充分借鉴国际经验。

从经济视角出发，政府还应该区分长期和短期经济效益，重视文化产业的战略价值。而一个城市文产的长期经济效益，不仅意味着将来持续丰厚的利润和增长值，还常常包含着丰富的社会效益。因此，长期经济效益的视角，体现出两种视角看文产的政府观念。以长期经济效益的眼光看文化产业，也是经济规律所要求的。在此基础上，兼顾短期经济效益。根据文产曲线，文化产业的增长和价值实现，一般都有一个等待期。因此，政府不能急功近利，要按照经济规律在等待期做好高速发展的相关准备工作。

文化产业的长期经济效益也体现出整体的大文创规划、管理，不仅需要政府支撑，还需要金融投资和资本的强有力支持。这两者相互联系。实际上，文产城市的发展，需要首先使大文创金融在城市中落地。

建设文旅经济，需要使用大文创管理的理念，树立"前人种树后人乘凉"的理念。博鳌镇的发展，已经经过了几乎一代人的时间，这一小镇原来是以农业为主，后来形成旅游业、文化产业（尤其是会展领域）、农业、地产业、交通业等产业相结合的复合型产业模式，即"文化+"模式。实际上，作为综合产业的支撑部分，博鳌镇的工业也得到一定程度的发展，并较大程度上与文化产业链相结合。

有人说博鳌的地理位置特殊，自然条件优越，这是发展的主要原因。但是海南这样的地方还是很多的，为何博鳌能成功出列？主要还是地方政府和海南省政府的前瞻性的行为，助力和支持推动顶级事件品牌在这里落地。这里是博鳌亚洲论坛永久性会址所在，从 2001 年开始，迄今共举行了十八届博鳌亚洲论坛年会。

大城市近郊或者核心旅游区的周边，可以通过叠加事件品牌来增进地方小镇的城市魅力，走出一条新路来。博鳌镇位于海南省琼海市东部海滨，面积 90 平方公里，辖有 17 个行政村，人口超过 2.9 万。万泉河、九曲江、龙滚河在这里汇合入海。博鳌镇的区位优势明显，距离省会海口市 105 公里、距三亚市 180 公里、距琼海嘉积镇 17 公里。对于发展全社会参与大文创产业，地理因素是不可忽略的重要因素。

即使拥有很好的自然条件，也往往需要 20 年的时间，才能够实现一种文化转型。在中国文化管理协会的一次会议上，有不少来自全国各地的政府文创管理干部，我们谈到一个跟他们密切相关的问题，那就是对于很多文创项目的投资，以及城市的大文创管理模式的成果落地，已经远远超出一个主管干部的任期，这在政府中的政绩怎么来算呢？对于政府来说，这就是一个问题，因为激励体制和大文创管理之间，需要一个全新的发展观念来支撑。大文创管理模式对于官员的激励机制，可以让官员放胆去做一个更为接近战略层面的决策，更加注重城市和企业的长远利益。

长远视角是大文创管理模式中一个重要的观念支撑。20 年前的博鳌，还只是一个默默无闻的渔业小镇，仅有一条街道。当地人主要从事农业，靠着种田、捕鱼谋生。当地人们的生活水平在全国处在比较低下的程度。不过，多年以来，在当地政府支持下，博鳌的经济和社会各项事业都得到了快速的发展，成为"文化+"模式的典范，现在博鳌的产业经济是复合型的。

在传统农业的基础上，博鳌镇近 20 年来的产业发展是以旅游业为重点的，由旅游业带动各项产业的发展，形成复合型的产业格局。

博鳌的产业发展路线得到了政府的支持，具有很大的政策优势。对于整个海南的发展战略定位，在整体旅游自贸区经济落地之前，就做了以前一代人的布局，这个前瞻性进取模式是值得学习的。海南省建立"国际旅游岛"的战略和政策，就对博鳌复合型产业的发展起着决定性的推动作用。政府还给出了减免税等支持性的政策。实际上，政府的恰当支持对于任何地方"文化+"模式的产业发展,都是必不可少的。

博鳌论坛的落地过程,其实也是一波三折的,龙永图、周文重这些经济界"大咖"的推动是具备历史功绩的。亚太金融危机的发生,金融强权"剪羊毛"的过程,极大地刺激了亚太国家,大家有愿望来建立亚洲的发展模式;而且,放眼未来几十年,亚洲经济体的团结是必然的趋势。对于博鳌来说,把握历史和未来大趋势是最大的"顺风车"。推动会展经济落地,成为全世界有影响力的会展小镇和观念经济小镇,就拥有了一个顶级的文化品牌。

从企业大文创管理的视角,企业是可以忍受蛰伏20年周期的,只要沉淀下去的投资,能成为未来20年甚至百年的优质资产,那么企业是愿意去投资的。这种按照文化产业周期去投资的企业家也不在少数。政府在构建大文创发展规划的时候,需要在金融运作领域,运用杠杆,将资本放到这些具备战略眼光的企业家手里,这样的做法是比较稳妥的发展策略。

提前几十年的布局,如果用短期的眼光去看,也许不是一个回报率很高的投资。河北固安的整体旅游规划、设计及固安大剧院的投资和建造,反映出当地政府两种视角看文产的平衡观念,以及重视长期经济效益的卓越眼光。

固安不仅靠近北京、天津,还毗邻雄安新区。当地旅游业的发展态势催迫大剧院的建造。而在整体产业规划之下,这一大剧院还必将焕发出河北固安县的区域优势,以固安的旅游文化,推动固安旅游的发展。

固安大剧院建成于2013年6月,早于雄安新区规划正式公布之前数年之久,目前还处在利润幅度较小的等待期之中,但可以从文产曲线做出预测,其后必然会出现一个快速跳跃期,使这一文化产业的增值过程稳定在一个更高能级上。随着雄安新区的兴起,固安大剧院还将面临一个接着一个更大幅度的快速跳跃期。

第四章 向快餐金融道个别

文化开发需要建立在自身的优势之上，河北固安的文化产业优势，突出表现在其地理区位的优势上。当然，固安也不乏自然资源、人文历史等内生资产，而政府对文产的积极支持也尤其引人注目。固安大剧院在打造自己的文化 IP 和文化资本时，也充分地依托了当地的这些优势。

固安县的文产优势，主要表现在以下四个方面：

一是地理位置。固安地处首都地区"一轴三带"京津发展轴的轴心区，与北京大兴区仅以永定河相隔。古有"天子脚下"之称，今有"京南明珠"美誉。这里距离雄安新区可以说只有"一步之遥"，地理位置相当优越。

二是自然资源。固安的温泉地热总面积 100 多平方公里，占全县总面积的 1/7，储藏量约 13 亿立方米，出水平均温度达 80 摄氏度以上，富含有益人体的各类矿物质。

三是人文历史。固安人文历史深厚。固安古称方城，荆轲刺秦王"献督亢地图于秦"的"督亢"，就位于现今固安县一带。固安特殊的政治、经济地理环境，使得不同类别、不同起源的文化，经过长期碰撞、融合，衍生出丰厚的物质和非物质文化遗产。如屈家营古乐、小冯村古乐、官庄诗赋弦、刘凌沧郭慕熙艺术馆、礼让店钓具、固安柳编、焦氏脸谱（还应加上"京绣""陶艺"等项目）等，或历史底蕴深厚，或文化特色鲜明。其中，屈家营古乐，与西安仿唐乐舞、湖北编钟乐、北京智化寺古乐并称中国四大古乐，被誉为"音乐活化石""中国文化之瑰宝"。

四是政府支持。固安率先走出了加快转型、绿色发展、跨越提升的新思路，深入实施产业强县、创新驱动、改革开放、城乡统筹、绿色发展、民生优先等"六大战略"，以确保经济发展、转型升级、生态建设、民生保障、维护稳定处在前列。现在固安经济已步入到新常态阶段，经济结构调整需加速发展服务业，改善民生需进一步释放国民的休闲需求，这些都为当地文化旅游业发展提供了重要机遇。而当地政府也具有两种视角看文

产的眼光。

人们一般将剧院理解为一个开会多于演出的场所，但固安大剧院彻底颠覆了这种陈旧观念。剧院的管理是国际水平的。固安大剧院由中国国际文化艺术公司运营管理，旗下专门设立固安大剧院管理有限公司，对这一剧院进行专业、系统、多元化的经营管理。固安大剧院的经营宗旨也是超越性的。在"文化艺术服务人民，惠及大众"的指导思想下，剧院融合舞台表演、电影展映、艺术培训、展览展示、影像制作、会议接待、餐饮休闲等多种多样的经营形式，打造文化艺术与商业模式有机结合的全新复合业态，以使固安大剧院在弘扬中华优秀传统文化和推动文化大发展、大繁荣的同时，推进文化事业和文化产业建设的全面进步和发展。北京、固安，从地理距离上说虽不过百里之遥，但从行政区划上看却是京、冀两地，多年来形成了极大的文化落差。固安大剧院的运营就像高屋建瓴，一下子将高高在首都的上游文化春水疏通，疏导到京南固安，使百里之外固安人的精神家园得到了"灌溉"，并因此赢得了"大首都文化圈"京南地标的美誉。

雄安新区的建设和发展，又预示了固安大剧院强劲的发展后劲，以及作为优质文化资本持续不断的高速增值潜力。固安大剧院是当地政府两种视角看文产的成果和典范。

博鳌的发展逻辑和固安的逻辑其实都是一样的，就是借势区域经济，找到自己的优势和特色，先建立硬件设施，然后将顶级事件品牌落在这个地方，从较长的时间内持续打造品牌，最终形成新的发展模式。

文化城市内生资本理论

商业的制高点就是交易,交易双方需要有不同的价值交换,这个交换本质上对于双方都是有利的。小城市的经济发展,需要拿什么和大城市的科技产品进行交换?这是个时代的问题,我们在前文中已经阐述过,小城市系统性的科技创新是一条出路,而文化也是一种可以内生出来的战略资源,也是可以"内生"出来的新的资本,能够和全国和全世界人进行交换,当这些立足于本地的文化创造物能够不断增值的时候,也就能够对冲交易方漫天要价的风险,别人在涨价的时候自己也能够涨涨价,就是这个发展逻辑。

地方文化产业的成功运营,关键在于以大文创创新管理的思维,发掘自身的内生文化资产,实现从内生资产到内生资本的转换。按世界著名经济学家萨米尔·阿明(Samir Amin)的发展理论,世界上相对落后的地区一定要建立起自己的资产、资本系统,而在全球化的过程中,只是被动地接受产业转移,必将丧失定价权。这就提示我们,国内相对落后的城市或乡镇,在发展的道路上,都应该建立自己的都市型文化产业,通过打造区域文化资产,从产品到资产,又到资本,形成独特的内生资本。这也是一个建构地区定价权的过程,如果没有定价权,地方文产的发展必将缺乏后劲。

内生资本具有独一性或唯一性,这是属于每一个地方自己的资产,有着时间和空间两方面的含义。而对于资产,必须有自己的认证标准,这样

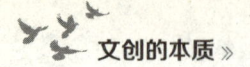

就能拥有定价权，形成内生资本。水涨船高的道理，其实任何人都懂得。如果不这么干的话，一个城市可能在总体上都变成打工经济。

我在总结全国一些小城市的发展路径之后，觉得文产经济和当地自然经济结合在一起的发展模式是最佳的探索之路，将文化品牌和当地的文化地标组合起来，形成一个不断产生价值和现金流的资产，然后评估成资本，就能够吸引主流资本投资参与。我也一直引导主流的上市公司去投资一些已经能够稳定增值的旅游资产，培育一些未来成本优质资产的项目。文化内生资本理论框架就是这样提出来的，不为别的，就是能够提供一种可以思考的视角而已。

当然，这些建立城市自身内生资本的主导者，都是地方的一些龙头企业，外来资本和本地资本需要结合起来，而不是让开发的主导权旁落。企业和地方关键文化资源的结合，能够培养出一批有市场竞争能力的企业。在关键资源的基础上，利用文化品牌进行衍生，可以带动大批小企业发展起来。各种当地资源，如人文、科技、自然等资源，都可能成为优良的内生资本，而IP资产只是内生资产中的一个重要部分。与内生资本相比较，由投资所产生的资本积累，只是一种外生资本，这一类资本是随时可以撤走的。内生资产则是当地自有的，如民间故事、民歌、民谣、叙事诗歌等。这些内生资产都具有内生价值，只是这一价值有大有小。

实际上，各地都有一些具有特色性的文化事物，这就是说，地方上的内生资产总是存在的，关键是要寻找和确立当地具有较大增长潜力的内生资产价值，使之由内生资产转化为内生资本。如凤凰古城，就是因著名作家沈从文的写作而变得闻名，当其内生价值得到发掘，就使内生资产转变为内生资本。

内生资本理论本身的涉及面广泛，与各类产业都有关系。但在本书中主要用来说明产业大文创管理，因此就称为文化城市内生资本理论。我们来看下面的例子，文字可能冗长，但都是当地考察和做事的细节，细节之内包含对地方文化资产的总结，类似于文化资产目录，读者可以略过。

福建仙游县有着多重内生资产，具有丰厚的内生价值。仙游的《九仙传奇》舞台剧，就是当地极具内在价值的文化产品，由当地内生资产转化而来，凝聚着极具增长潜力的内生资本。现以九鲤湖风景区的文化资产为例，来看《九仙传奇》舞台剧这一文化产品内生资本的打造。

仙游拥有九鲤湖、麦斜岩、菜溪岩、天马山"四大景"。九鲤湖位于福建仙游县钟山镇，距县城31公里，海拔590米。以湖、洞、瀑、石四奇著称，尤以飞瀑最为闻名，自古以来素有"鲤湖飞瀑天下奇"之美誉，明代大旅行家徐霞客把这里与武夷山、玉华洞并称福建"三绝"。

仙游九鲤湖不仅有壮观的旅游风景，还有丰富的民间传说或传奇，以及流传久远的梦文化和相应的祈梦习俗。这些都是当地内生的文化资产。九鲤湖有着源远流长的祈梦文化和习俗。相传在汉代有何氏九兄弟在此炼丹成仙，乘上湖中跃出的九条赤鲤升天而去，九鲤湖因此而得名。此后，这九仙就成为民间影响最广、流传历史最长的司梦神灵，由此而形成了祈梦的习俗，被古人称为"卧游"，还形成了一套祈梦的仪式，自唐、宋以来一直沿用到今天。因此，骚人墨客或达官显贵来九鲤湖登临览胜、祈梦寻幽之风历代盛行不绝。例如，六朝太府郑露、唐衡州刺史许稷、名人郑良士等；宋端明殿学士蔡襄、枢密院编修郑樵，以及陈谠、徐铎、郑侨、梁禄等；元卢琦、张礼；明礼部尚书陈经邦、大学士黄道周、户部尚书郑纪、著名小说家冯梦龙、状元罗伦、著名书画家和大才子唐伯虎，还有郑纪、叶向高、陈经邦、陈迁、黄仲昭、周世臣、顾大典、李元阳、蔡善继、王弼等；清名宦纪晓岚、李光地、梁章钜，名士吴焜、石彦恬、陈龙光、陈居禄等。可见历朝历代都是如此热衷于九鲤湖祈梦，并留下诗文为证，表达对九鲤风光的赞叹，及对祈梦习俗的遐思奇想，说明这一习俗影响的深广。这就不断积累着这一文化资产的内生价值。民国时期的政府要员严家淦、李宗仁等也到九鲤湖祈梦，当时知名艺术大师张大千、徐悲鸿等先后到九鲤湖"卧游",还有当代名人郭风、王仲辛、边震遐、蔡其矫等,足见祈梦习俗影响之深远。

虽然观赏风景、作赋咏诗是文人骚客的雅兴所致,但更重要的目的还是来此寻梦,就如元代诗人卢琦在《游九鲤湖》一诗中所写的"愿借一枕通仙灵"。从历代文献志书的记载可见,往昔来九鲤湖的游客,一般都要到九仙宫中睡上一夜,做一个雅梦,再请传说中的九仙卜一下凶吉。这里的湖光山色如仙境般清幽,无论达官贵人或凡夫俗子到此一宿,大多能杂念全无、愁烦俱消,寻找到一个幽雅梦境。"芸芸众生谁无梦,独在此间梦更幽"一句,道尽了九鲤湖祈梦习俗的文化魅力。由于历代名人慕名而至九鲤湖祈梦,关于祈梦的诗文大量传世,其影响大大推动了祈梦习俗的形成与发展,形成了极富内生价值的文化资产。

九鲤湖祈梦习俗开始于唐代,勃兴于宋代,鼎盛于明、清两代,有关史料的记载跨越时段达到1300年以上,如《通志》(宋代郑樵)、《八闽通志》(明代黄仲昭)、《兴化府志》(明代周瑛、黄仲昭)、《仙溪志》(明代黄岩孙)、《仙游县志》(清代郭彦俊、卢学)、《九鲤湖志》系列丛书(明代方应佹、柯宪世,民国时期徐鲤九)等古籍和地方志乘,不仅描绘了九鲤湖的风景名胜,还记载了这一带祈梦习俗的历史源流和逸事奇闻。在这一习俗中,包括一整套约定俗成的仪式和定规,有戒斋、品茗、焚香、赏景、求梦、解梦、圆梦、还愿等八个过程。全部仪式的内容以九计算,含有九为最高之数的意思。

而九鲤湖解梦人往往以其医术和智慧,鼓励祈梦者追求美好生活,积极向上,显出医人济世的高明之处。这大概就是九鲤湖祈梦习俗盛传不衰的一个内在原因。

从文化内生资本理论的角度进行观察,就能够看到仙游九鲤湖拥有多方面增值潜力可观的文化内生资产,其中尤以九鲤湖祈梦习俗最为突出。这一习俗的独一性相当明显,对于这样的高质内生资产,当地可从多个层面进行认证和自主定价。因此，祈梦习俗的内生价值非常之高，可通过文化产品的打造，转化为优质的文化资本。

九鲤湖祈梦习俗的内生价值可从以下方面看出：

首先，仙游九鲤湖祈梦习俗涉及文化学、历史学、心理学、民俗学、旅游学等诸多领域，具有独特的文化价值，可以进行深入发掘。并且，这一文化资产因其民俗性、传承性、学术性等重要价值，符合非物质文化遗产的基本特征。九鲤湖祈梦习俗也是全国稀有的民间民俗文化。应该在科学认识的基础上，在认知上对这一习俗正本清源，列为非物质文化遗产保护名录。这对于发掘和保护文化资产都是相当重要的。

其次，九鲤湖一带的祈梦习俗，民间的俗名为"乞梦"，古代雅名是"卧游"，有着深远的历史渊源。这一祈梦习俗是中国梦文化长河中相当独特的支流，继承了汉族原始的祈禳和占梦传统，在此基础上又发展成为独特的祈梦民俗文化活动，为中国传统文化的重要组成部分，应该得到完整的延续和保存。就现有资料分析，九鲤湖可能是汉族居住区中祈梦习俗的发源地。

再次，九鲤湖祈梦习俗经过长久不息的传承，形成了一整套相对稳定的祈梦仪式，借九仙之名，行济世之实，还具有一定的进步因素，这相当独特，未见于其他地方。作为一种传统的民俗文化，其祈梦程序完整，对于发掘和研究历史和民俗文化具有重要价值。因这套习俗一直沿袭至今，其学术价值重大，可称为研究中国传统祈梦民俗的"活化石"。由此可见，九鲤湖祈梦习俗经过上千年的传承，有着深远的文化影响。历代以来留下了大量以祈梦习俗和梦文化为题材的文学作品，包括诗词、歌谣、传说故事、散文、历史记载等，影响广、作品多，这在全国诸多民俗中是绝无仅有的。九鲤湖祈梦习俗不仅在莆仙和闽南地区深具影响，还在东南亚民俗文化中占有独特的重要地位。

最后，这一习俗极大地促进了当地旅游业的发展。九鲤湖祈梦习俗上

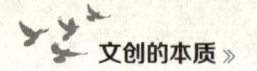 文创的本质》

千年来在这一地带经久流传,形成一种九鲤湖旅游文化的奇特现象。此习俗的辐射效应明显。例如,以九鲤湖为起点,产生出多处九仙祠,不仅涵盖整个莆仙区域,还影响到国内、国外许多地方。现在九鲤湖成为福建著名的风景区,游人一般都会依照习俗留宿祈梦,增加了旅游消费。民俗和旅游的相互促进,成为推动当地旅游业发展的独特方式。这也使旅居异国他乡的华人华侨及港、澳、台地区同胞,对九鲤湖祈梦习俗情有独钟,从而成为国内外文化交流的重要平台。

来自海内外的专家学者,多年以来到九鲤湖对祈梦习俗进行考证研究,对于民间文化和旅游事业的发展都有极大的推动作用。对九鲤湖祈梦习俗文化资源的探索和研究,将极大地扩大当地旅游业的文化内涵,并突出其文化特色,提高文化品位。这对促进九鲤湖风景区的建设与开发,发展地方经济,都将产生积极影响。

例如,舞台剧《九仙传奇》这一内生文化精品,以九鲤湖"何氏九仙"的美丽传说作为创作原型,通过戏剧歌舞等艺术方式,再现了仙游九鲤湖祈梦文化和秀丽的自然风光,寄寓了民众对和谐、幸福生活的渴望和追求。这一舞台剧由我来执导,邀请音乐剧《我是成龙》原班制作人马进行本剧的设计和创意,历时半年完成剧本创作,选用原创声乐作品22件。从一开始,《九仙传奇》就展现出其内在的文化IP价值和内生资本增值潜力。

由于对于县域经济和大文创管理模式的思考,需要进行一些落地实践,所以就深度参与其中,于是,国家一级编剧任红举和我率团队抵达福建仙游,在当地县委、县政府的支持和支撑下,合力打造大型《九仙传奇》这部原创舞台剧。2017年10月7日,我带领音乐剧《我是成龙》主创以及编导、制作团队,在编剧任红举老师、作曲家周树雄老师的助力和加盟下,与大庆文体旅集团音乐剧团的34名演员及当地演员一起,在仙游永鸿大剧院进行节目合成。10月16日晚,在永鸿大剧院完成本剧的首演。主要演员全部来自仙游本地，16名主角由鲤声剧团演员担纲，12名配角由当地部分音乐舞蹈教师出演，90名孩子演员来自仙游实验小学。一支来自北京、上海、黑龙江、河南、江西、福建的文艺和技术力量汇聚仙游，爆发出文化精品的力量。

《九仙传奇》共有四幕，另有序和尾声，时长大约65分钟。演出中，古典音乐和西方音乐的巧妙结合，让观众不仅领略到汉宫音乐的典雅，同时也体会了民俗场景的恢宏、百姓生活的壮观。主题曲《神仙游》由任红举、孙艺宁作词，作为一名音乐家，我来作曲，其优美的曲调，在观众心里久久萦绕不散："都说仙游神仙游，那个九鲤水长流；卧游祠中九仙佑，唯有此间梦更幽。"传统宫廷服饰使用现代夸张具象裁剪而成，仿佛就是一场华丽的时装秀。变幻多彩的灯光效果更是让观众身临其境，给人带来一种别样的视觉盛宴。

舞台剧《九仙传奇》的成功首演，让一个具有深厚内生资产基础、完美而精致的文化IP落地，又标志着一个内生文化资产转化为极富价值的文化资本。

我的专业是音乐，做音乐创造和艺术团队管理多年，对于文化资本运营项目，也算是一种跨界行为。从资本的视角看仙游的文产项目开发，这是我在实践过程中站立的位置。为专业而专业的思考，是有局限的。从产业和产业资本的视角看问题，也许是我们未来在文产经济中思考的起点。

第五章
文化是化学，不是物理

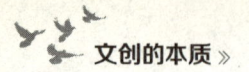 文创的本质

实体+文化是一种化学变化

实体经济的企业家和文创人的结合，是我们这个时代的一个机会。"出品人思维"对于文化产业的发展是有借鉴作用的，需要让出品人成为文化产业创造的主体。

现在，让我们跨出"文化产业"这个概念来看看实体经济。其实，实体经济企业家也需要转变为一个文化产品的出品人。搞制造的同时，也需要引入一种文创思维，做工业也需要顺便发展出"工业之美"，产品制造不仅是技术问题、质量问题，同时也应该是文化问题。

文化发展路径是企业发展的下一轮机会，在实践中到底怎么去干呢？从我观察的事例来看，一个企业想要进行文化转型，就需要投入人力资本，在企业内逐步培养出一些文创人才，让文创人才的思维来和制造业思维结合在一起。例如，工业旅游和体验性的旅游现在已经成为一种新的体验经济发展模式，比如有人想体验钢铁厂生活，他们愿意穿上厚厚的隔热服装，和工人师傅体验一天的重工制造。生活的意义本来就是一个人见了哪些人，到了哪些地方，产生了不同的体悟。

体验能够产生情感，也能够产生连接，那些无生命的机械和重工产品，也可以向客户开放，让自己的用户进入制造环节，和制造工人进行一次深入的体验。这是长久留住用户的方式。现在工业经济已经有了300年的历史，工业工艺也完全变成了一种工业文化经济，关键是我们如何去看待这些企业，如果我们将之看成是旅游设施，那么产生的价值就不同了。

第五章 文化是化学，不是物理

文化产业和农业项目的结合，形成农旅模式，这个概念尽人皆知了。在中国文化管理协会的会议上，我提出了为什么农旅项目现在变成了普适的文化发展项目，而工业旅游经济现在却处于一个冷概念的阶段，几乎没人来思考如何执行下去。

食品企业生产，需要严格的卫生条件限制，牛奶企业在车间里做了一个透明的玻璃通道，让用户能够参观牛奶的生产过程，企业内的专业讲解员对牛奶的生产过程进行讲解，设计用户一天的生活，挤奶、跟随牛奶运输车到工厂，让用户能够设计一些环节参与的，这就是"二产"开始叠加"三产"的事情。这些工作在10年前，就有企业开始做了，其实，实业企业同样需要一种让用户深度参与的方式，用户参与得越多，品牌体验度也就越好。

如何让一流的体验产生？这其实是一个问题。当然，我们可以放眼全球，来寻找可以借鉴的案例，先行者总有值得借鉴的地方。例如，纽约的百老汇、巴黎歌剧院、维也纳金色大厅等都是这类变化的实例。

品牌经济是一个经济形态，当一个企业需要发展品牌的时候，其实也就自然进入了文化产业的发展通道。品牌经济是典型的"实业+文化"模式。一个品牌企业对于大众文化理解得越是全面，在建设品牌的过程中，就会拥有更多的优势。

关于品牌企业文化发展的问题，这是一个专业的方向，然而本书是从文化的视角看品牌建设和企业的文化建设的，这与企业品牌部门从营销视角看问题有些不同。但是我觉得从营销和文化两个视角来专注品牌建设，可能效能会更好。

实体商品生产模式与符号生产模式相结合，就形成一个完整的体系，即体验式产业链。由此爆发出的巨大能量，产生加速增长的价值。这是一个化学变化的过程，这一过程还可以从资产或资本的角度来看。当实体产权与附着在实体之上的知识产权（文化IP），形成一个新的资产体系，这就为资产的增值打下了基础。

品牌资产是资本市场里最常评估的知识产权资产项目，在企业并购和走入资本市场的过程中，品牌资产的价值系统是一种共识。这种共识的存在意味着这是内生资本的一部分，企业内沉淀的文化资产在资本市场是能够得到承认的，品牌资产其实就是一个将企业不同的知识产权做成一个"资产包"，成为企业走入资本市场的资产交易品类。

实体加文化必然会引起化学反应，其中的关键因素就是科技，尤其是高科技。而随着文化产业的发展，文化创意的时代到来。以人工智能（AI）、增强现实技术（AR）、虚拟现实技术（VR）等为代表的新科技，正在推动文化产业的变革，形成一种新文化产业的格局。在"实体+文化"的形势下，文化产业也表现出新的业态和发展趋势。

在最近几年的中国电子商务、互联网服务等产业中，分布的科技"独角兽"企业最多，其次就是文化娱乐业和互联网金融。而在大数据与云计算、游戏、互联网服务、人工智能、软件、机器人等领域中，无不渗透着文化和创意的影子。所有的增长型产业，都蕴含着文化的身影，都有文化产业的介入。而许多这样的企业，本身就属于文化产业。正是迅猛发展的数字科技，使得文化产业得以拥抱大数据、移动互联网、人工智能、物联网等新技术，最终使文化产业实现"文化+实体"的全面融合发展。

实体与文化两大方面的深度融合，带来了市场消费习惯的变化，给中国的文化产业带来了新的发展思路，也促使文化产业发生深刻的化学反应，未来还将有更多的变化发生。在这样的时代背景下，文化创意也要以新的方式进行，成为一种更加系统的动态思维。借着更加广泛的主体互联，实现高效率的IP构建和数字文化生产，促进产业价值的快速增长。

在文化产业的发展过程中，"文化+实体"的模式比比皆是。旧厂房转型为文化创意园，就是一种"实体+文化"的运营和再造模式，如北京的亦花园，使得实体和文化两方面都获得了新的生命力。其中，旧厂房空间再造，成为城市空间再造更新和文化产业发展良性互动的关键环节。从旧厂房变为主题文创园区，既为文化产业的发展提供了交流空间与孵化平台，吸引了许多宝贵的文化资源，也通过对旧厂房空间的再造更新，释放出了大量城市空间。

2017年中国电影的票房价值继续增长，达到301.04亿元，其中IP电影模式成为票房的新趋势。它以保质保量的实力风格，成为票房号召力所在。其中，《战狼2》以超过56.83亿元居票房冠军。在影视行业，目前的投资过多依靠版权价格，以抢占头部内容更突出。未来还应更多地转向"实体+文化"，这主要体现在渠道投资上，即投资于网络大电影还是院线电影。其实，现在网络大电影的商业模式已非常成熟，但网络剧的商业模式还有待完善。

政府小资助，社会大收益

打造城市文化品牌，建立城市文化名片这种说辞，现在几乎每个城市管理者都在讲，但是工作如何开展下去，则考验人的智慧。

企业大文创管理模式，就是要将政府、企业、城市地标和城市品牌，以及城市中的居民一起囊括进来，一起来做对整个城市有大收益的事情。诚然，有些文化项目的开展，对于具体企业而言，是没有什么经济效益的。比如，振兴地方戏剧这类文艺形式，这些文艺形式不可能成为主流的文化内容。但是，这些戏剧的存在，本身就是地方文化传承的一部分。政府有责任让这些文化资产继续传承下去，但政府不能直接出手做这件事，政府需要借助于非营利组织和企业来做这件事情，让真正有参与热情的人来做事，这时经济价值就排在第二位了。

做城市品牌和事件品牌，其实是一个系统工程。有些环节是需要政府支持的，有些产业环节则能够自我"造血"。政府在大文创管理体系中，需要将民营企业和民间投资不愿意干的那部分事情做完了，营造一个比较优越的环境，对于城市文化产业的发展，这是一个工作路径。

例如阳澄湖大闸蟹这个著名的水产品牌，其一步步发展起来的路径是值得探究的。在2000年的时候，这个品牌并没有像今天这么全国皆知。事实上，阳澄湖变成了原产地标志品牌，这是政府和行业协会多年运作的结果，在长达几十年的品牌管理基础上，一步步获得今天的市场地位。

对于地方文化产品品牌，地方政府需要将知识产权固定下来，不能让一些企业主体拿到这些本该属于全体大众的资产。在这些品牌的使用过程中，政府是代表性的知识产权主体，也是能够制定规则的主体，谁使用，谁就接受监督。这是一个简单的逻辑，在实际运作中是管用的。

对于"公地悲剧"，那是一种多方的博弈，如果任由不同企业去践踏公共资产，那么很快，这些公共资产就会被哄抢和过度透支使用，导致公共价值遭到毁灭性破坏。

老实说，在世纪之初，苏州和昆山城市品牌管理者也没有很好的解决方案，理论上，政府不能够做利益主体，一旦出手限制，总是只管住一部分人，越管制，越麻烦。所以将一些社会管理功能交给了苏州市阳澄湖大闸蟹行业协会来进行具体的管理。但这是个民间组织，在总体上是缺少公信力的。因为主体太多了，主体和主体之间是竞争关系，这是一个内部竞争的生态，谁也不知道竞争的边界在哪里，所以能够造假和多占利益，谁都会抢，而不会顾及总体的阳澄湖大闸蟹的品牌价值。

但这么多年来，政府并没有直接出手管理，尽管也有这种直接出手的冲动，容忍一些不完美的发展过程，但是还一直委托协会在管理。协会管理意味着竞争逐步从无序转到有序，经过 20 年的发展，一些龙头大闸蟹企业发展起来，协会主要就拉住这些头部企业。头部企业有了按照规则做事的能力，这是很重要的价值，他们能够自觉维护总体的品牌价值，一个产业生态能够建立起来，需要这些排在前面的龙头企业自己给自己上规矩，而不是政府直接上规矩。

政府的价值在于总体上防止非原产地的品牌侵权竞争，这是政府能够干的事情，因为作为企业主体，没有时间和精力去一个一个打击那些品牌侵权者。但是政府是有能力这么做的，政府手里有执法的力量。

阳澄湖大闸蟹的公共品牌管理借鉴了法国波尔多红酒的品牌管理历史。同样是社会组织管理，也是多个龙头家族企业共同的协商机制，维护红酒业的总体品牌利益。红酒是典型的实体产品和红酒文化结合在一起的国家文化品牌；大闸蟹做得好，也是需要一样的管理路径。社会组织自我管理的机制，对于政府来说，是减少工作量的最佳方式，否则不知道需要多少政府管理者夜以继日地在全国市场上去寻找侵权企业和侵权人。

阳澄湖大闸蟹的总体品牌是唯一的，但是在总体品牌之下，有很多二级品牌，这些二级品牌是一个矩阵，品牌经济需要经营主体不能乱来，按照品质和用户承诺来做事情。就如波尔多红酒一样，一个家族可能都是一个红酒品牌，但是这些品牌总体上有一个共同的特征，竞争导致的差异化能够在竞争中凸显出来。所以品牌之间进行了品质和文化表达的竞赛，这种竞赛的存在又促进了总体红酒品牌价值的提升，让品牌成为法国生活方式的象征之一。

苏州政府管理者在管理阳澄湖大闸蟹的品牌方面，其实是很科学的社会管理模式，其遵循了企业主体的发展要求，而不是采取其他生硬直接的方式。城市经济的发展，最终还是要靠社会自律，而不是政府管理。在其他的文化产业的发展过程中，苏州的城市管理者也是遵循这样的管理原

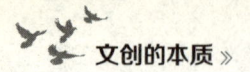

则，其经济繁荣和有为政府的科学管理是有很大关系的。

中国的文化产业不能再走过去大基建的路子，而应该建构起面向未来的模式。在管理阳澄湖养蟹产业的过程中，总体的管理成本维持在最低的水准，但是管理结果是相对理想的，"李鬼蟹"不可能杜绝，但是总体的文化产品品牌能够得以存续，并继续发展，这就是一个管理的成功案例了。

低成本模式，在政府推进文化产业发展的过程中，是不可少的。政府通过打造文化产业孵化器的方式，推动文化产业的建设。这就是说，文化产业过去是以政府为主兴办，政府想办法筹钱，现在要转由民间办，形成一个持续的模式。政府的作用就是支持关键文化资产的运作。这样的模式才符合文化产业的规律，以不大的投入就能将地方文化的精华提炼和总结出来。当新的文化地标建造起来，架设其上的文化经济就得到迅速发展，连带着相关的支持产业都一起发展起来，形成一种新型的文化综合体，这是一种面向未来的文化经济运行模式。

当然，文化产业的发展离不开政府支持。但政府的支持一定要切中要害，这样，即使是小的资助，也能在全社会产生大收益。如苏州虎丘镇，一个镇的年纯收入就达到数亿元，整个地方都因此富起来。当地方的文化资源变成文化地标时，全区域都会得到收益。西安秦始皇兵马俑也是一样，带动周边产业的发展，周围的人全都富裕了。

大文创产业链平台

国内文化产业的改革在整个变革过程中是滞后的,直到今天,我们在一些产业格局中还是能够看到一些计划经济的影子。激活这些文创主题企业,也是本书探讨的重要内容。

到了今天,随着数字经济的发展,几乎所有的文化主体企业之间都在融合,之前,电影、音像、图书出版、戏剧舞剧和灯光秀等是分离的,现在都在数字经济面前开始合一了。

而发达国家的文化产业,由于存在一个总体的资本市场,则形成了完整的产业链,使文化产业的快速增值有了牢固的支撑。以大型传媒公司为例,它们都是不仅仅只生产内容,还发行各种衍生产品。如时代华纳、索尼、迪士尼等,都是如此。这就表明,文化产业的发展需要走产业链之路。

大文创产业链的概念,也充分体现了经济和产业规律。这与当今经济活动的文化特质及信息化、服务化密切相关,其产生的大背景,还与现代新经济越来越为高文化附加值和高技术所主导有关。这一新型产业链条的上游,表现为海量文化内容的形成,及各种文化产品或文化遗产的数字化等;中间环节则以设计制作和工具类信息技术产品的应用和普及为主;下游部分包括文化、娱乐、信息等产品的大规模市场营销,流行的艺术、各种文化符号在传统产业中普遍应用等多个方面。而这样的文化产业链,还需要由平台来做整合,这就形成了大文创产业链平台,可以有多种形式,如文化产业园区、网络平台、文化产业协会、各类文化会展、定期的业界会议等。

这其中典型的平台例子，可能还是来自于互联网，如猪八戒网。该网络平台既为从事新兴服务业的机构、个人、企业提供开店创业的孵化功能，使超过15万家机构在平台上创业成功，其中，年营业额多于100万元的就达到上千家；还为平台上优秀人才的智慧和创意服务提供支撑，它们已经为许多企业提供了围绕核心产品的品牌、技术、市场咨询、设计、营销、推广等系列服务，孵化出的企业和品牌产品也多于100万家。在此基础上，猪八戒网还致力于在创意领域帮助传统型企业实现从产品到文化的转型升级。如成功地帮助网红酒江小白和坚果零食品牌三只松鼠实现品牌IP化，还成功地打造了巴马旅游产品形象体系，为巴马提供全球长寿之乡全地域旅游解决方案。

对于地方城市成立文化投资集团，以及它们的管理模式，我主张学习"波尔多模式＋猪八戒网模式"，形成一个新的协作机制。文投集团的存在，就是能够打通一些文化企业的横向隔阂，将文化引领发展的总体模式带出来，将龙头企业和地方文化资产和文化地标绑定，发挥出稳定的社会价值和经济价值。

大文创产业的发展需要一个完整的产业链支撑，甚至文化产业不同的分支领域都是如此。因此，中国文化产业的良好建造必须以打造产业链为条件，这样才能产生互动效应和规模效应，使文化资产和文化IP不断增值。

一个文化企业的领导者所具有的视野和对所处产业环境的判断，在很大程度上决定了企业的发展，尤其对面临激烈的市场竞争而生存环境并不令人满意的企业而言，更是如此。打造完善的产业链，以平台的形式聚合资源，这种眼光实际上是文化企业生存的必备条件。在国际市场上更是如此，中国的文化产业面对的是世界大集团，如果没有产业链，就如同以单一的步兵兵种，与对方海陆空立体多兵种进行对抗。

因文化产业具有"内容为王"的特质，又加上信息技术和文化产业的融合趋势，这就使重内容的文化产业增值能力得以倍增，促使文化产业的产业链出现新的变化。大文创产业链不再只是垂直型的，而是呈现出垂直和水平相混合的复合型结构。这甚至可看作是新型的大文创产业链的特点。打造和建构大文创产业链平台，无论在理论上还是实践上，都将成为当今文化产业建设、发展的热点和重点。

北京文化产业的实力在全国是有目共睹的，但还是缺少一个自然而然的发展生态，比如在电影产业之中。北京文投集团领导者周茂非先生主张从剧本开始，就引入投资，剧本和资本的结合，能够保证编剧团队的地位，也能够保证内容的质量流程。

作为全国最大的文投集团之一，周茂非先生主张发展大公司，但大公司垄断了资源和资本，对于内容产业其实是不利的。中小内容创作企业面临的融资困难，需要城市政策层面、金融机构的产业金融和内容企业三者的融合性努力。只有让文化企业插上金融和资本运作的翅膀，才能够实现企业的腾飞。

从产权到资产，从资产到资本

通过我的观察，发现从资产到资本的运作上，在文化圈之内，观念是比较滞后的，文化投资领域亟须从知识产权到资本运营的全产业链运营人才。这是中国不少城市文化产业经济发展的痛点。

文化产业是以创意为核心和动力的，由创意将产生文化企业中的知识产权。对知识产权和文化资源进行估值和评定后,就产生了文化资产,包括有形和无形资源的设施、资源及IP等。对文化资产进行投资之后,就形成资本,这是一种价值的形态。由此可见,文化产业的增值,有一个从产权或知识产权(文化IP)到资产、又到资本的转化过程。

经济学家赫尔南多·德·索托(Hernando de Soto)提出从资产到资本的转化理论,阐明了由资产转变成资本的重要性。赫尔南多·德·索托托出生于秘鲁,担任总部位于秘鲁利马市的自由与民主学会的主席。《经济学家》杂志将这一学会列为全球两个最重要智囊团之一。赫尔南多·德·索托还被《福布斯》和《时代》杂志评为国际最具号召力的改革家之一,目前他正为全球20多个国家制订所有权改革计划。赫尔南多·德·索托的主要活动是带领自由与民主学会,为拉美、中东、亚洲等地的贫困国家推行和制订资本形成计划。

赫尔南多·德·索托在《资本的秘密》一书中,通过比较秘鲁和瑞士,描述了资产到资本的转化理论。秘鲁和瑞士的反差特别大。瑞士虽然没有什么资源,但其发展程度和整个文明程度都比秘鲁高。而秘鲁的资源却是很丰富的。赫尔南多·德·索托经过思考,得出了他的结论:实际上,秘鲁的穷人手里有大量资源,只是这些资源没有得到一个合法的表达,如许多工厂、土地、商铺都没有清楚的法律界定,许多房子没有门牌号码。由于没有清楚的法律地位,这些资产就不容易出手,既然不易转手,就难以变成活的资本。这就是说,无法从死的资产,变成为活的资本。赫尔南多·德·索托由此开始他的研究。当赫尔南多·德·索托对9个国家和地区穷人手里的资产做过调查之后,得出了一个惊人的结论:如果穷人手里的这些资产有一个良好的法律界定,就可以进入市场进行流通,由此就可以得到一个市场估值,产生增值的过程。这些资产相当于20个发达国家资本市场的总值,达到美国整个流通货币的2倍。他提供的解决办法,就是由政府给社会中的资产提供法律支持和界定,使资产有合法的表达，从而容易流转到使用效率最高的人手中。可见，一些国家缺少资本，并不是因为缺少天然资源，或资产的质量不高，而是缺少产权的界定。

同样的道理，文化资产需要有一个这样的转化过程，由文化资产到资本，从而释放出文化资产或资源的巨大价值。没有这样的转化，文化资产就是死的，无法实现增值。

知识产权是文化资产增值的起点。知识产权的英文是Intellectual Property，指的是智慧财产所有权或知识财产所有权，也有些人将其称为智力成果权或智力财产权，一般只在有限的时间内有效。按照中国《民法通则》的规定，知识产权属民事权利，包括创造性智力成果及由工商业标记而依法产生的权利等。各种智力创造活动的成果，如艺术作品、外观设计、发明、文学著作等，还有在商业中使用的名称、图像、标志等，都可被认为是某人或某组织所拥有的知识产权。"知识产权"一词，最初在17世纪中期由法国学者卡普佐夫（Carpzov）提出。后来，比利时的法学家皮卡第（Picardy）对这一概念进行扩充，将知识产权概括为"一切来自知识活动的权利"。到《世界知识产权组织公约》在1967年签订之后，知识产权的概念才逐渐取得国际社会的共识，被普遍使用。

从法律的角度而言，知识产权指的是人们就其智力劳动成果所依法拥有的专有权利，一般是由国家赋予创造者对其智力成果在某段时期内享有的独占权或专有权。从本质上说，知识产权是一种无形财产权，其客体是知识产品或智力成果，既是创造性的智力劳动所产生的劳动成果，又是一种精神财富或无形财产。知识产权与汽车、房屋、珠宝首饰等有形财产一样，都受到法律的保护，具有价值和使用价值。许多艺术作品、文学著作、驰名商标、重大专利的价值远远高于有形财产。

知识产权分为两类，一类是著作权，还有一类是工业产权。

著作权也被称为文学产权、版权。著作权是指对文学、科学或艺术等作品依法享有的精神权利和财产权利的总称，其拥有者可包括法人、自然人或各种组织机构等。著作权主要包括著作权及与著作权相关的邻接权。知识产权最明显的例子包括作品登记和计算机软件著作权等。

工业产权也被称为产业产权，是指商业、工业、林业、农业等各类产业中具有实际经济意义的一种无形财产权，主要包括商标权与专利权。从这一角度来看，产业产权的名称可能更为贴切。实际上，任何一种工业产权都有其内在的文化含义。

市场经济的管理原则在于不让天然垄断的竞争主体出现，但是需要鼓励创新者有一定时间的垄断利益。众所周知，没有垄断的竞争场景是一定没有暴利的。这些对于创新的鼓励政策，其实也在推动创新者暴利的产生。

创新是有风险的，于是创新投资是围绕着"一揽子"的资本运营策略，文化创新也需要和创业孵化器一样的运营模式，让少数项目的巨额营收来对冲多数项目的风险。知识产权属于一种无形财产，其获得需要经过一定的法律程序，如获取商标权就需要按法定程序经过登记注册。

文化产业中的资产，除了各种有形、无形资源之外，最重要的、最关键的就是经过估值后的知识产权了。这样的知识产权，具有明确的价值，因而成为一种文化资产。法律也明文规定，可以用知识产权出资，但需要先对产权进行评估。按《中华人民共和国公司法》第二十七条，股东可用货币出资，也可以使用知识产权、土地使用权、实物等非货币财产作价出资，其中的关键是可用货币估价并能够依法转让。当然，行政法规和法律规定不得作为出资的财产除外。

新的知识产权法律允许企业股东可以全部以知识产权形式出资，这是一个巨大的进步，这意味着拥有知识产权的人可以快速将之转化为资产和资本体系。对于中国一线城市而言，这些思路是贯彻到经营中的，但是对于很多地域性的文化企业，还没有将知识产权作为自己运营的核心元素，

第五章　文化是化学，不是物理

大文创管理模式的第一条，就是要解决资产确权的问题。

对于用作出资的非货币财产应当核实财产和评估作价，不可以低估或高估作价。行政法规和法律对评估作价有相关规定的，应该按其规定办理。因此，知识产权的出资首先需经过评估，判定其价值。知识产权评估需提供以下各种材料：

（1）向相关部门或机构提供专利登记簿、专利证书、商标注册证，以及与无形资产出资有关的交接证明和转让合同等。

（2）填写无形资产出资验证清单。要求填写的名称、有效状况、作价等内容，需要符合合同、协议、章程，由企业验收签章或签名，获得各投资人的认同，并要在清单上签名。

（3）知识产权办理产权转让登记手续，无形资产应办理过户手续，非专利技术签订技术转让合同，土地使用权办理变更土地登记手续。但在验资时尚未办妥的，需要填写出资财产移交表，由拟设立的企业及其出资者签署，并承诺在规定期限内办妥有关财产权转移手续。合同、协议、章程中对交付地点和交付方式有规定的，应与合同、协议、章程相符。"接收方签章"栏，由全体股东签字盖章。

（4）资产评估机构出具的评估目的、评估基准日、评估假设、评估范围与对象等有关限定条件，需满足验资要求的评估报告及出资各方对评估资产价值的确认文件。

（5）《新公司法》第二十七条删去旧条款中关于知识产权出资比例的要求，意味着企业可以百分之百使用知识产权出资。

（6）用专利权出资的，如专利权人为全民所有制单位，应提供上级主管部门批文。以商标权出资，应提供商标主管部门批文。以高新技术成果出资的，应提供国家或省级科技管理部门审查认定文件。

在产权、资产、资本的增值过程中，产权是一个重要而关键的起点。熊猫本是中国的国宝，但《功夫熊猫》形成知识产权，却成为美国公司的财源；花木兰的故事在华夏大地流传上千年之久，得到广泛的传诵，动画片《花木兰》却被迪士尼搬上屏幕，成为迪士尼文化IP，赚了好几个亿。因此，中国的对外贸易虽然在总体上一直保持着顺差，但文化产业却长期处于逆差状态。发达国家文化产业的产值普遍占到GDP的15%左右，如日本约占20%，美国甚至占25%左右，中国则刚刚达到4.29%。

相对而言，中国的GDP还是比较硬，中国的工业产值已经达到美国的1.5倍，但是在文化产业领域，还需要走很长的路。相对于美国，中国的文化产业还有17%左右的提升空间。对于地方政府和许多企业、投资商来说，这是一个巨大的机会。经济要超越，就需要新的战略增长点，显然，文化产业和知识产权经济已经成为支撑中国经济继续高质量发展的顶梁柱之一。推进大文创管理，发展文化产业，已经成为一代文创人的机会。

大文创衍生链：多角升值的内在机制

大文创的衍生链，体现在创意推动下的不断循环运转，文化产业的价值则不断增生。这是一种多角升值的内在机制。就如上述产权、资产、资本的过程，但有一个相当重要的不同点，多角升值的过程是动态的，越应用，越升值，形成产权、资产、资本升值的模式。

当投资方购买产权时，先要对其进行评估，形成资产。这是第一阶段的升值或增值，也是对产权的应用。而文化资产在应用过程中，表现出强势的增值潜力，这将吸引更多资本的进入。资本的介入，必然又导致文化资产大规模的增值，从而使资本增值，吸引更多的资本进入。在不断的应用中，形成资产、资本的反复循环。

第五章 文化是化学，不是物理

多角升值的内在机制，就在于对文化 IP 不断地加以应用，使之成为文化资产，并不断地增值。

就如苏州园林这样的文化综合体，围绕着园林故事，消费者体验越来越多，推动 IP 价值不断积累和增值。建园者当初没有想到，自己的努力成为一个城市的发展名片。苏州园林提供了一种建筑上的文化思考，将山水引入城市和家园，人最佳的居住就是身处自然之中。这种思想文化深刻影响了中国的建筑文化。人们到苏州，是一定要去走走园林，体验亭台轩榭之间的小桥流水，体验"江南是中国文人心中的圣殿"那种审美感觉。

其实，建筑文化是最典型的文化形态，针对园林的研究早就成为一门学问。在苏州旅游的一次研讨会上，我曾经发表过自己对于中国文化输出的理解。我认为，中国人的哲学，在西方这些按照终结一元思考模型思考的地区，推广很困难。但随着全球文化的复兴，将苏州园林推广到全球人居环境之中，这是一种很好的文化输出。建筑是能够承载其他一切文化形式的，苏州园林全球化这个文化课题之中，包含了很多发展机会。

将人文理想的价值和本地化的生活方式，变成文化综合体，才是我在本书中提倡的那种文化综合体的构建。苏州园林的价值，对于我们这个民族来说，其未来还有一个光大的空间。推广这种文化，需要一种思维，即在任何空间里都能够通过园林设计，体现"天人合一"的东方哲学思考。

我曾和成龙先生一起合作了不少文化项目，他是一位对于文化产业思考很深入的人。作为一名音乐人和音乐剧导演，我深度参与了音乐剧《我是成龙》的创作和打造，本剧的制作和推出过程，展现出精心打造文化 IP 的内在过程。这实际上是文化项目 IP 增值的必经之路。成龙还是出品方的长期合作伙伴，构成这部音乐剧的核心价值之一，使本剧的文化 IP 具有坚实的基础，也成为不断产生本剧 IP 价值的源泉，在中国文化作品的 IP 增值转化过程中，舞台剧和音乐剧已经成为一个比较重要的文化载体。

成龙先生本身就是一个人格体大 IP，《我是成龙》是国内首部开放式

的音乐剧,也是成龙先生第一部自传体音乐剧,讲述了成龙从一名普普通通的"武替"演员,通过自身不断的努力和摸爬滚打,最终成为国际影坛巨星、奥斯卡终身成就奖获得者的真实励志故事。这部音乐剧有着吸引人的题材和故事,根据成龙的亲身经历和心路历程改编而成,展现了一个丰富可感、真实的、有义气的成龙,一个跌倒也要面带微笑前行的成龙。在这部音乐剧中,既有父爱如山、母爱似海的亲情,还有朋友之间的倾心相交、豪情云天的友情。创作者和出品方希望通过一位巨星的成长历程激励更多的人,这是这个剧的美好初衷。

《我是成龙》用音乐演绎成龙的人生奋斗故事。在整体的构思上,《我是成龙》意在用心、用情、用义打造出一场"走心"的男人戏。通过这部音乐剧,观众能够看到一个人所不知的成龙,从中还能看到每一个人自己成长的影子,从生存的观念到小有成就的浮躁,又到沉淀心志的过程,表达了一种对生活及事业的积极态度,也展示了社会中每个阶层不同工种人士的成长历程。

成龙亲自在这部音乐剧中担任总监制,他在谈到对这部音乐剧的感想时说:"很多人认为音乐剧只是文化娱乐消费产品,而这部音乐剧是一部培育和践行社会主义核心价值观的鲜活教材。主创团队力求打造一部弘扬和体现民族精神的文艺精品力作,用不放弃的精神教育和感染着更多的人,传递中国正能量。"的确,通过这部音乐剧体现出一种精神,即每一个有理想、有信念的人,每一个在拼搏、进取道路上永不言败的人,身上所体现的就是这种精神,这也是伟大的民族精神。本剧希望激励更多的年轻人为实现自己的梦想而坚持不懈,鼓舞每一位在自己岗位上努力拼搏的平凡人勇敢向前。

音乐剧《我是成龙》实现了以创新和创意打造新的文化IP。这是一部纯粹的音乐剧,用音乐来反映情感,并以多种音乐形式呈现。在剧中情景里展示多种舞段,打破了用剧情串戏的传统模式,真正做到了用音乐串戏。

第五章　文化是化学，不是物理

这部音乐剧在内容设计、音乐创作、舞美制作等方面，呈现出四大特点：

其一，本剧并不是秀功夫，而是纯粹的音乐剧。这是一部"走心"的男人剧，每一幕、每一首、每一段都将成龙的情感渲染升华出来。正如成龙自己所发表的感言："剧中的我不是银幕上的我，不是新闻报道中的我。我想让你们看到这样一个我，一个跌倒、爬起，不轻言放弃，不计较成败，做真实自己的成龙。"

其二，本剧是国内首部开放式音乐剧。剧目采用了全新的表演模式，不单一指向固定演员阵容，而是采取开放式的形式进行演出，即"成龙搭台，全民参与"。这就使以后的全国巡演中，当地的表演团体及普通大众也可以参与其中，真正做到艺术和百姓零距离。

其三，本剧的舞美设计简洁。钢架构与绳幕的有效结合，令大众在观剧时有一种耳目一新的感受。本剧通过音乐无缝连接。全剧共有18首原创音乐，无缝连接贯穿于全剧。我作为总设计、总导演，在进行音乐创作时将通俗、摇滚、蓝调、爵士、拉丁、民谣、swing等不同曲风的音乐有机地关联，结合设计简洁的舞美，打造了一部纯粹的音乐剧。

其四，本剧集人物故事、原创音乐、功夫武术、精彩舞蹈及台词念白于一体，表演范围从舞台一直延伸至观众席。强大的互动性，跌宕起伏的情节，扣人心弦的歌曲，让观众的泪水与成龙大哥的泪水交织在了一起，情感撞击在了一起。武与舞的相融，毅与义的人生，激发出了在场所有人的强大共鸣。

上文为我参与音乐剧打造过程中的一些框架性的思考，并且贯穿于音乐剧当中，由于进行全国性的巡演活动，这使音乐剧《我是成龙》具有很大的IP增值空间，本身就能够成为一个独立品牌。实际上，从最开始剧本的推出，到演员的招聘，又到首演，再到各地的巡回演出，都是一次又一次文化IP的线性增长。在前一次演出的基础上，后一次的演出必然是一个积累基础上的提高，也同样精彩。

本剧的演员招募信息发布后，得到了全国大批专业院团及音乐、表演爱好者的广泛关注；吸引了中国戏剧学院、北京舞蹈学院、北京电影学院、中国交响乐团等北京本地专业院团，还有来自上海戏剧学院、四川音乐学院、沈阳音乐学院、武汉音乐学院等全国各地的艺术人才前来应试。2017年2月24日，《我是成龙》音乐剧演员甄选活动在北京718文化产业园知音堂举行。本次选拔规定了详细的比赛流程和严格的评判标准，通过自我介绍、面试问答、才艺展示、表演能力测评4个环节，声乐、器乐、舞蹈、朗诵、武术、杂技等艺术形式，场面让人目不暇接，很多人表示自己感动于剧情。甄选现场氛围热烈，选手们多才多艺、身怀绝技、个个情绪高涨、精神饱满，发挥出了最佳状态。经过8个小时紧张激烈的角逐，《我是成龙》音乐剧演员第一轮甄选圆满落下帷幕。

第二轮演员甄选活动的应试阵容依然十分庞大，参选院团的名单包括北京舞蹈学院、北京电影学院、中国戏曲学院、中央戏剧学院、北京现代音乐学院、北京体育大学、上海戏剧学院、北京大学、四川音乐学院、大连音乐学院、云南艺术学院、西北民族大学、北京农业大学、河北师范大学、首都师范大学、河北传媒大学、北京城市学院等院校。本剧由我担任总设计、总导演，并集结业内顶级的制作团队与演出人才，耗时两年后在北京天桥剧场隆重亮相。北京的首演，除成龙外，胡俊铭、潘斌龙、莫少聪、王向群也参与其中，这是史上最豪华的明星版舞台剧目。

2017年4月22日，音乐剧《我是成龙》在北京天桥剧场的首演现场火爆，总监制成龙现场几度哽咽泪崩，观众多次受感泪奔。起伏跌宕的音乐旋律立体融合，几近完美的舞美呈现，恰如其分的威亚空中调度，绚丽迷幻的绳幕渲染，走心催泪的故事情节，音乐和剧情一次次把观众情绪推上高潮。"世界到底有多大，我们一起闯一闯。天空究竟多宽广，我们也要一起翱翔。一起流泪一起笑，一起拼搏一起闹，一起高歌人生味道，一起奋斗一起奔跑……臭武行，我们是小强，不停奔跑，励志要做自由的海

第五章 文化是化学，不是物理

鸟。听着风声在那耳边不断的呼啸，再大风雨也浇不灭心中的梦想……"澎湃的音乐伴着现场的欢呼声和掌声，回荡在剧场的每一个角落。演出结束时，观众的情绪仍然激动，欢呼声、掌声不断，久久不肯离场。现场有位观众兴奋地表达：看过的剧目很多，有这样走心体验的还是头一次。幕后演员抱成一团、哭成一片。这场"走心"的男人戏，既不煽情也不讲爱情，却把观众带入到剧情中，引起共鸣，让观众看到了一个不一样的成龙，一个自责、"不孝"的成龙。音乐剧《我是成龙》完美地诠释了成龙的人生——从一个没有名气的"臭武行"，到一个不服输、不怕死的奋斗"小强"，终于"一跳成名"。这种不服输的坚韧不拔精神鼓舞了在场的每一个人，正是当下年轻人应该学习的。

成功的首演，为这部音乐剧展现出一个广阔的前景。精湛的艺术功力加上丰厚的人文和文化意涵，标示着本剧文化 IP 的增值前景。北京的首演之后，这部音乐剧立即面向全国招募剧目 IP 衍生品合作方。

巡演是这部音乐剧品牌锤炼的过程，也是其文化 IP 不断增值的过程。这将使《我是成龙》的每一次演出都得到提升，并具有新的创意。在首演中，饰演元龙的男主角是成龙的爱徒胡俊铭，他是成龙力荐的"新七小福"成员之一，不仅演技了得，还多才多艺，有着极富感染力的独特嗓音。在大庆的全国首站巡演，由胡俊铭扮演元龙。在未来的巡演中，音乐剧出品方还有意邀请香港著名影星莫少聪做主演，这必将使《我是成龙》音乐剧在国内掀起又一轮高潮。继大庆成功的巡演之后，这部音乐剧还计划集中在北京、天津、河北、河南、西藏、青海、广东、山东、福建、黑龙江等地演出 60 场。巡演的过程，同样也是文化 IP 增值和扩展的过程。

音乐剧能够将一种精神力量抽离出来，观众可能来自于不同的行业和产业，但是同样能够感受到奋斗向上、永不言败的精神气质。我觉得文化作品能够表现出这些特质就很好，然后就是充分利用所有的人和资源，将故事讲好，演绎好。

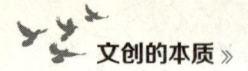
文创的本质

音乐剧《我是成龙》展现了一个具有执着、坚韧、乐观精神的成龙，催促人重新审视自己对生活及事业的态度，使每一个观众对此都有所感触。这样一部既叫好、又叫座的精品剧目应该被推向全国、走向世界，这是出品方的责任和义务。这是在讲中国好故事，在打造中国人的文化自信，将富有中国精神的文化作品呈现给全世界。这一文化产品既有深刻的文化内容，又富含基于时代精神的创意，表现出传统和创新完美结合的文化IP。继音乐剧《我是成龙》之后，出品方还将推出《少年成龙》和《大爱成龙》，实施文化IP的扩展。

这部音乐剧的出品方，还积极面向全国招募IP衍生品合作团队，共同开发音乐剧《我是成龙》的相关周边产品和相关影视音乐类作品。这一合作将基于《我是成龙》音乐剧的人物角色、剧情、音乐、视觉等，进行衍生品的开发与设计。文化IP的合作范围包括服装服饰、智能家居、3C电子产品及游戏开发等，但远远大于这些领域。本剧的出品方将以IP衍生的形式，助力该剧目的演出和品牌形象的持续提升，进而建立多角升值的内在机制，形成文化产品的衍生链，打造文化资产增值的良性循环。

在2018年，音乐剧《我是成龙》作为首个文化精品项目入驻冬奥会场馆，成为第一个献礼冬奥会的文化精品项目。这部音乐剧的入驻，不仅推动了冬奥会场馆的融合发展，还促进了张家口地区文旅产业的创新升级，提升了这一城市的文化形象和品位。这部音乐剧还是联合国海陆丝绸之路城市联盟项目科教、文化与传播委员会"一带一路"国际文化艺术可持续发展中心的文化精品项目。这都体现了音乐剧《我是成龙》的文化IP价值，以及多角升值内在机制的运作。作为文化资产，也显示出其不断增值的潜力。

对于这台音乐剧的打造过程，我得到的启示是：一台音乐剧也可以作为事业去运营，做好营销和全国扩散性推广，百老汇有一些舞台剧，演出了几十年一百年，现在还在演，我们也需要沉下去，将一些故事演绎好，讲好中国故事，文化企业能够把握这种机会。

第六章
以人为本,以市场为本

文创的本质

文化产品需要扔进市场去检验

企业大文创管理创新，需要杰出的运营人才。管理不能够大于运营，这是经营上的常识，我们在推进文化产业投资和企业运营的过程中，应该发挥出人的创造力，而不是让他们成为遵循流程的被动之人。

管理的核心应该是解放人，而不是捆绑人。解放人的意思其实很简单，就是将资源和资本给予一些能够创造的人，让他们在市场中摸爬滚打，拿到成果的人才是有真本事的人。对于其他找理由、没有成果的人，则需要进行鞭策和激励。文化产业的管理原则和其他标准化工业制造业企业不同，我们在市场中，必须尊重能人，尊重创造者，为他们铺路架桥。领导者最忌讳的一点，就是认为自己行，自己凡事亲力亲为。全才型的领导者往往都是没有团队的人，管理其实更深层次的核心价值在于信任。

一般文创集团的运营逻辑是这样的：文化产品的市场运营，需要实现多种元素的结合，这包括高科技产业、商业和服务业的融合。多元素的结合，还将吸引多方面的投资，形成资产池，并将诸多文化知识产权统合在一个资本运营公司里。在这一基础上，文化产业又进一步地吸引社会资本的合流，加速增值过程，形成龙头产业，带动整个产业链的发展和增值。文化龙头产业的形成和发展，将为当地提供地方品牌名片。这是文化产业发展的总规律。当然，文化产业如何发展，并没有具体的统一路径，所以需要经过试错，要扔进市场去检验。

第六章 以人为本，以市场为本

主题乐园和文化地产的这种重资产投资项目，一直被国内很多文化投资集团作为主导性运作产业的方式。在过去30年中，在这些领域内有着巨大的历史教训。按照历史数据，根据《2015年主题公园行业发展现状分析》的数据，在约10年来出现的本土主题公园中，已经倒闭的占到80%，给国内旅游业造成的经济损失达到3000亿元，建筑成为城市的废墟被系统性拆除。经过30多年几次主题公园倒闭潮之后，国内目前仍有约3000家主题公园。据调查，其中有70%处于亏损状态、20%仅能保本，只有10%左右的乐园盈利。目前，让主题公园的发展充分市场化，减少地方政府盲目干预，已经形成一种业内呼吁。而各地兴建主题公园，反映出开发商的急功近利，地方政府追求政绩，如此就催生出肤浅的文化现象。

以上的文字只是说明了一个问题，缺少对于行业和产业战略判断的眼光，光有资源和资本是远远不够的。对于任何产业而言，最大的浪费就是决策的浪费，主题乐园投入的资金比中国芯片业投入的资金还多，但是几乎全部归零，变成了一堆工业垃圾。有时候，我们在文化产业中需要金融的加持，这是发展的关键因素。但是如果对于文化重资产项目决策不慎重的话，钱多了反而成为绝对的坏事。

文化产业多数都是从轻资产开始的，在发展到一个阶段，重资产资源才会被系统性地导入进来。"有条件要上，没有条件创造条件也要上"这种运作逻辑和思路，在文化产业投资中是很危险的。按照我们的投资曲线模型，我们就知道文化产业其实是有源之水、有本之木。文化产业要发展起来，需要将根扎得很深。我的理解是这个根要扎下去，一般需要20年的时间。

今天我们不要去羡慕迪士尼，那是100年的文化沉淀，迪士尼也是从轻资产起步的，其最早确立的框架是内容框架，而不是乐园设施。迪士尼是主题公园成功的典型代表，其基础是迪士尼的文化内容和创意。实际上，迪士尼公园是根据自己的电影内容和 IP 形象建造的。将迪士尼仅仅看作是主题公园，其实是不准确的。迪士尼最根本的业务是电影，其内容一直是迪士尼产业链的基础，迪士尼乐园是完全基于内容而开发出来的衍生产品。

轻资产的逻辑就是以人为本，没有世界级影响的内容，用建筑逻辑建设而成的文化乐园，其实在经营层面都是很危险的尝试。

迪士尼创始人华特·迪士尼本身就是一个设计师，一个撰稿者和漫画家，对于项目运作的细节有充分了解。在企业发展的初级阶段，需要华特·迪士尼这样的少数创造者将顶级内容创造出来。事实上，迪士尼到了今天，依然流淌着华特·迪士尼的做事风格，为了作品的高水准，迪士尼工作人员都是亲临实体环境进行体验生活，然后再进行创作，这种风格体现在其作品之中。

迪士尼模式以精致的内容制作为开始。如动画片《狮子王》的制作，其内容就经过了无数次审核，画稿和剧本甚至可以堆满几个房间。有时候，几秒的镜头需要耗费几个月的时间去制作。为要画出逼真的非洲草原环境，《狮子王》的制作组就曾经在非洲住了 3 年。对于影片的内容，将有一些迪士尼的创意者对其表现方式做出大胆的想象，技术人员则将尽力使这些想象得到落实。例如，迪士尼会将《机器人总动员》的主角瓦利（机器人）制作出来，甚至智能化到可声控，还可以与人简单交谈。在科技和内容基础上，耳熟能详的虚拟角色就诞生了，如唐老鸭、米老鼠等，迪士尼乐园就是根据虚拟角色和内容而打造的主题公园。

对于虚拟角色，迪士尼还做了细致的分组管理，这将方便下一步衍生产品的开发。如关于《星球大战》和《复仇者联盟》是男人组，他们开发的是高价消费品，在这一组，迪士尼曾与奥迪联合推出"美国队长"款式的汽车。《汽车总动员》归属于男孩组，主打衍生品是汽车类的玩具。公主系列划归女孩组，对应于粉色裙装等。米老鼠属于通吃组，其形象涉及各类生活日用品和婴童用品的开发。通过对迪士尼虚拟角色形象的精细管理，就建构起了衍生产品的产业链，开拓出乐园、影片、服饰、邮轮、音乐剧、玩具、食品、日用品、电子类产品、教育、出版物等一系列的消费品。

据统计，迪士尼公司的 60% 收益来自衍生品的消费。《狮子王》电影下档后的 10 多年间，还以音乐剧的形式在全世界巡回演出，继续取得市场收益。迪士尼在国内的电影票房价值，达到了人民币 38 亿元。迪士尼英语的学习时长每年达 300 万小时，迪士尼版的杂志和书籍在国内销售量达 1500 万册。迪士尼消费品目前在国内每秒钟就可售出 38 件。可见，迪士尼的主要盈利来自于衍生的各类消费品。

相比之下，国内的主题公园，如长隆、欢乐谷、世界之窗、方特等，一般都缺少迪士尼那样的内容根基，当然也就缺少相应的 IP 形象，这就很难开展衍生品的业务。消费者愿为迪士尼产品埋单，那是因为他们对迪士尼虚拟角色从内心存在着文化认同感。一个具有迪士尼形象的消费品，价格甚至可以达到同类商品的 3~5 倍之多。可见，国内的文化产业应该加强创意和内容建设。

国内的主体乐园和一些文化建筑设施投资方，需要在软性的内容方面加强投资，硬件投资需要的是建筑工人团队，而软性的内容则需要不同创造者，二者的功能不同。所以思考团队的人才结构，去找到合适的人，是大文创管理者需要开展的工作。

激活产业需要顶级创意家

一些发达国家早中国一步进入了创意经济时代。

早在1998年,美国经济学家阿特金森(Robert D. Atkinson)和科特(Ranolph H. Court)明确指出,新经济就是知识经济,而创意经济则是知识经济的核心和动力。这里,创意经济指的是文化产业,而创意是其中的关键。因此,他们发出"资本的时代已经过去,创意的时代已经来临"的宣言。

货币资本跟随创意资本的时代已经来临,人才竞争成为这个时代最核心的竞争模式。在科技领域中的逻辑也是如此,一个国家能够在全世界搜罗人才和文艺作品,这是很重要的资源组织能力。现在越来越多的企业,依赖于顶级人才的创造物,这是一种趋势。顶级人才和运营团队的完美结合,对于一个企业而言,才是一种比较合适的管理结构。

对于文化产业而言,创意是内在的驱动力,一个好的创意就能打造百年品牌,激活整个产业链。创意起源于人类的技能、才华、创新,具有创新、创作、创造等含义,来源于社会和经济生活,又指导和推动着经济发展。文化产业在创意、创新中丰盛,也在创意、创新中进一步发展。在这个梦幻般的激活过程中,顶级创意家又占据着中心位置,扮演着激活产业的关键角色。

作品是思维和观念的产物。文化产业的发展离不开创意,因为创意是一种突破。创意是形象思维、逻辑思维、发散思维、逆向思维、模糊思维、系统思维等多种认知方式综合使用的结果。灵感和直觉也是创意的重要因素，必须加以重视，现实中的许多创意都来源于直觉和灵感。可见，真正的创意能激活产业，而这样的创意往往需要顶级创意家做出。

漫威的发展，说明了文化企业需要顶级创意家激活自己，又进一步激活产业。当年漫威公司已经濒临关门大吉的边缘。这时，其对手DC公司推出漫画《美国正义联盟》，汇集了蝙蝠侠、超人、绿灯侠、神奇女侠等角色。DC公司的新作推出后，受到了读者的欢迎。出版商马丁·古德曼（Martin Goodman）得到消息后就回到办公室，给表侄斯坦·李（Stan Lee）下了一道命令："仿制这个创意，搞一个自己的超级英雄团队。"

其实，斯坦·李已经尝试过超级英雄，可是对于漫威来说效果不佳。而没有创意肯定是不行的，因此，他回家后便向妻子宣布，自己要退出漫画界。但妻子态度很坚决地劝他改变主意说："还是坚持你的想法吧，将你自己的想法实现在漫画中。他们又能如何呢，难道会炒了你不成？"于是，斯坦·李开始寻找创意。据他多年以后的回忆："我用了好几天时间，构思出了上百万条想法，都写在本子上。接着，又将这些记录全都划掉，再构思出上百万条想法。直到最后，眼前出现了四个角色，他们能融为一支团队又相互协作。按着这个思路，我写出一个大纲来，描绘了角色的基本假定和一个有些离奇的故事线索，随后就交给我最信赖的可靠画师科比（Jack Kirby），他可是一位令人惊讶的天才。"

在20世纪40年代，科比与他人合作创作了《美国队长》，由此开始显出其不凡的身手。斯坦·李所说"上百万条"，当然是一个夸张的说法，但这也表明，一个好的创意的出现，需要经历一个非常困难和曲折的过程。于是，漫威的神奇四侠诞生了，这四侠包括神奇先生、霹雳火、隐形女侠和石头人。

顶级创意家能够激活产业，难怪此后数十年里，人们还常常看到斯坦·李以自己特有的手舞足蹈方式，不厌其烦地提起这一段往事。但科比的说法却不一样,他说:"漫威当时已经差不多要过气了,真的一点都不夸张,那天我到公司时,大家都开始动手拖运橱柜了,正准备着离开这家公司。而斯坦·李就坐在他的位子上哭。我当时就说,大家先不要散伙,我保证能够画出可以让公司延续生机、提高销量的漫画。"这句话很快就兑现了。在这一年(1961年),斯坦·李和科比创作了共有25页的画稿和对白,附上一个简单的商标;然后就有数千本首期《神奇四侠》被放在便利店的旋转货架和报亭的摊位上,与最新一期《逍遥小子科尔特》《模特米莉》摆在一起。一个奇迹将要借着创意而产生。

实际上,《神奇四侠》来自新的创意,与古德曼要求的山寨版《美国正义联盟》远不是一回事。如在第一期,4个主角甚至制服都没有穿,而不同寻常的,4个主角之间还经常争吵。但这是一个有着鲜明个性的独特英雄团队,在漫画领域里还是没有先例的。在这一革命性的创意下,四侠之一的石头人,甚至被建构成了一个"本质上算不上好人的大个子",随时都可能变成恶棍。这与超人、绿灯侠这样顶天立地的英雄相比较,可谓差别极大。但这些漫画的销量都特别好,受到读者的青睐。没过多久,杂志管理公司(漫威)的办公室就堆满了读者来信。这期漫画成为一种先机,使斯坦·李明白了许多事情。因此,这第一个成功创意又带来了一些其他创意。

不久,斯坦·李又与另一位画师史迪威(Steve Ditko)创作了蜘蛛侠。史迪威擅长画怪物漫画。超级英雄蜘蛛侠的真名是彼得·帕克,一个很优柔寡断,又常怀着不安情绪的青年人。让这样一个无家可归、多愁善感的傻乎乎年轻人成为超级英雄,成为另一次破天荒的创意尝试。而《蜘蛛侠》也同样获得成功,深受读者的欢迎。

顺着先前创意带来的成功,漫威推出了更多的非主流创意产品。那是一些有着各种各样毛病的英雄,有的还深陷自我怀疑和孤独的泥潭。这些英雄似乎都明白,自己其实是这个世界的异类。漫威公司的崛起,就是起自于一个创意。沿着这个创意，又产生了一系列相应的创意，激活了产业，或者说，激活了一个完整的产业链。

创意其实是一种创造力，具有两方面的意义。当一个东西是别人和前人所没有的，具有首创的性质，这就是原创。如武术、昆曲、京剧等都属于中国原创。还有一种东西，虽然由他人首先创造的，但将其进一步改造之后，就会形成一个新事物，给人以新感觉，这就是创新。

顶级创意家将激活文化产业。而这个文化产业是一个以创造力为核心的新兴产业，强调一种文化因素或主体文化，依靠个人或团队的创意，通过产业化和技术的方式开发和营销知识产权。文化产业主要涉及动漫、广播影视、传媒、视觉艺术、服装设计、音像、表演艺术、雕塑、环境艺术、软件、计算机服务、工艺与设计和广告装潢等领域的创意群体。

实际上，文化产业所依赖的创意就是人的创造力。这就是说，文化产业的核心其实就是人的创造力，因而要最大限度地发挥人的创造力。创意也可看作是产生新事物的能力，这就使创意必须是独特的、原创的、有意义的。在创意经济的时代，无论是数码动漫等新兴产业，还是电视影像这样的传统媒介产品，其资本运作的基础都在于产品品质的优良性。而在竞争中脱颖而出的那些优良产品，恰恰都来源于人丰富的创意或创造力。如此看来，文化产业的本质既然就是一种创意经济，其核心竞争力就必然来自人自身的创造力。因此，由原创激发的个性和差异是文化产业的生命和根基。

文创的本质

以人为本实现创意驱动

比尔·赖安（Bill Ryan）是知名的文化创意产业学者。谈及文化产业的管理问题，他认为，这些创意人才需要导入一些市场观念，按照市场规律来办事。在比尔·赖安的模式中，市场营销和调研扮演着一个重要角色。文化企业正是通过市场营销这一环节，即细致的市场运作，对文化生产的不合理性和不可预测性加以控制和调节。

创意型的企业和组织该如何管理呢？要将顶级人才和顶级人才放在一起，相互激励，没有这种同伴的进取压力，这些人也很难做到最好的自己。

创意人员工作在较宽松的环境中，受到较少的控制；创意人才代表管理者的利益，复制和发行受到比较严格的控制。而在小型或小微文化企业中，管理者的角色更像是创意经理，对创作人员进行管理，而不像控制和协调复制、外部发行、市场营销等组织部门之间关系的管理者。在这样一种模式中，创意经理对于创意工作从宽控制，管理者对于发行和销售工作从严控制。

创意者不强调流程管理，但是经营者一定需要硬的管理模式。任何企业都有柔的一面，也有刚的一面，只有将两种管理模式结合在一起的管理者才能够平衡价值创造流程。

"文化双头制管理模式"是目前全球文创企业的主流管理模式。艺术总监和总经理分工不同，一个负责内容质量，一个负责市场运营。两者是平级的管理模式,这在其他的一些产业中是不常见的,这其实也是行业规则使然。

管理分析家戴维斯(Howard Davies)和史克斯(Richard Scase)主张大的科层制的文化企业,为了解放创意人才,组织的中下层部门尽可能实现自治,可以彼此达成协调,并部分纠正科层制度引起的弊病。但是在运营层面,这些组织经常面对着来自市场和商业利润的强烈压力。所以,文化管理就是一边谈笑风生,一边金戈铁马。

中国的文化产业必须做到以人为本,才能够实现创意驱动。这主要是通过企业管理制度的借鉴、引进和创新实现的。文化产业发达的欧美国家,早在20世纪50年代,就开始在实践中摸索,要建立一种更好地实现创意驱动的企业经营模式。到了今天,已经建立了一整套相当成熟的做法。中国的文化企业应该学习这些国际上先进的管理方式,这样就能避免走弯路,使中国的文化企业在创意驱动上达到国际一流水平。

在欧美等发达的国家,文化产业中的创意被看作是一种符号创作工作,从文化产业的本质而言,文化产业的管理涉及工业化法则和创意目标之间的张力平衡。而欧美文化产业或产品的管理关键在于:对创意的控制从松,对销售或发行的控制从紧。

提到张牧野,很多人可能不知道,但是提到他的网名"天下霸唱",很多年轻一代人就说久仰大名了。作为一名网络作家,他创造的《鬼吹灯》系列,在全国拥有上千万的粉丝读者。他发掘了一个"地下盗墓世界"分场景的小说,具备非常好的视觉想象力,在多年之前他创作的系列小说,到现在已经有两部被改编成了电影,一部是《九层妖塔》,另一部是《寻龙诀》,两部电影均有不俗的票房,总额大约20亿元。

而对于《鬼吹灯》系列的总体估值,大体可以创造出100亿元的文化产值。对于个人工作室来说,这已经是一个很大的数字了。而创造价值系统的人则就是一个人、一张桌子、一台电脑而已。

尽管张牧野在把握整个产业链转化方面还是比较弱，不可能具备时代华纳转化杰克·罗琳《哈利·波特》系列那样的运营能力，但是也已经说明在创意时代里，一个顶级创意人才的价值。张牧野的作品，在市场中已经经过了一系列的检验，这种在市场中成长起来的内容和创作系统，有很大的概率继续产生好作品，因为创作者目前还处于人生的创作高峰期。

围绕着主导性作品构建泛娱乐公司也已经成为一个小趋势，很多文化企业在一个顶级的 IP 基础上，实现企业的生存发展。而创意的源头就是人，如果一个企业能够为顶级人才提供全方位的服务系统，这样的企业至少就有一个发展基础了。

创新者的回报必须合理

推动社会发展的东西，在宏观上主要表现为理念的力量；从微观的视角来看，主要表现为利益。任何一个公司的运营，其价值贡献和价值回报都需要做一个平衡，失去这种平衡能力的管理者最终都会失败。

保罗·罗默的增长模型，知识作为独立的生产要素，具有全球性的边际生产力递增性。不过，知识因素发挥作用，有赖于经济和投资规模的大小，累积的投资越多，知识存量就越大，收益递增速度也越快。正是在知识因素的作用下，投资的持续增加能长期地提高一个国家的增长率。这尤其符合文化产业发展和成长的规律，文化产业的投资和资产规模推动产业快速增长。

用我们日常的话语来解释，现代经济的主要驱动力主要表现为知识的增长，这是现代经济的增长源泉。而如何才能获得知识的增长呢？最重要的方法就是进行投资,对于知识进行投资的逻辑,就是将钱给到创造者手中。

华为在研发领域投入了数千亿元的资金,原因在于员工是持股的,还有更重要的一点,就是决策者任正非相信投出去的钱不会打水漂,而是推动知识增长的燃料。这种逻辑的核心是对于杰出自我管理能力的人的相信,也是对于自己企业文化和奋斗精神的相信。按照全球标准,华为员工的收入水平属于高水平,正是由于华为的这种"让奋斗者受益"的企业文化,带动了华为的高水平发展。

在文化企业产业链中,一流的创作者在没有经纪人系统、知识产权保护和金融运作的情况下直接参与市场交易,这是目前市场中的一种乱象。我们知道,创作者在进行市场谈判的时候,他们往往不是最有能力的谈判者,文人不会要价、不会谈钱的事情太多了。对于作品版权定价的随意性已经挫伤了创作者的积极性。比如刘慈欣的早期作品版权,就以极低的价格被买断,这种现象对于创作者来说,很难获得自己认为合理的回报。

既然文化企业中,核心作品的版权才是衍生价值的主要资产,那么创作者天然就能够成为在全价值链获得收益的股东。至于我们说的文化综合体之类的大资本投资行为,那只是作品价值衍生的一部分,而不是更为核心的资产形式。

文化建筑是竞争性的商品,而创作者创作出来的文化资产则是非竞争商品,在让创作者获得更多回报这个问题上,我们需要一些制度创新。

资源向创新者倾斜,这是知识经济时代的主导性思考。对于创新者的尊重,最重要的方式就是保护他们的利益,并保证利益实现的过程具备保障能力。政府是执法机构,需要为这种保障提供基础的法律框架和可执行的操作路径。

保罗·罗默提出,如果要使得一个经济体持续地获得增长,除了增加投资之外,政府还需要使用奖励创新和知识的方法,如对创新予以补贴、

建构保护专利的制度等。他的这些研究成果，对于文化产业中的创意和投资极具指导意义，也充分说明了创新者的回报必须合理这一客观要求，这可以从市场业绩和政府补贴两个主要方面得到满足。

快乐即生产力

泛娱乐是现在全球性大企业都在布局的事业。因为快乐是人的基本需求，而随着社会生活节奏的加快，人们成为生活和工作上的"程序性的动物"，追逐已经成为生活的一种常态。泛娱乐产业就是在这个时代发展起来的新的娱乐形态。

人们的休闲时间的分布，决定了文化产业的一些技术形态。日本在现代化的道路上，比中国早了一点，所以生活方式也开始变革。由于压力很大，挤出时间来娱乐和社交成为现代人的一种生活常态。通勤和工作压力让人们体验娱乐和文化产品的方式开始变得碎片化，所以所有的数字产品供应商，都在大数据的基础上来抢占用户的碎片时间，以提供娱乐和文化体验产品。

在企业大文创管理创新框架之中，如何面对数字技术浪潮和人们生活方式的变迁，这永远都是核心的话题。对于人们的需求，文创者最忌讳的事情，就是完全按照自己的思考路径来呈现作品，而不是通过研究市场来理解用户的生活状态。用户关心什么，创作者需要满足什么，并且在满足用户的过程，坚持高质量标准，而不是粗制滥造。

对于文化企业和创作者而言，需要培养一个有利于创造的氛围，这种氛围不是一团和气，而是一种适当压力之下的相互激励。彼得·德鲁克说,如何发挥知识工作者的工作效能呢?可能直接管理不是好的方法。知识工作者的工作质量是关键,但是在衡量成果的时候,标准化管理只会让他们生产出数量型的成果,最好的方式就是在知识工作者的周围,置入更具生产力的人,让他们在相互比较之中,认知自己的价值贡献在什么地方,然后通过自我管理去实现价值。

对于一个公司来说,创造氛围使员工快乐是很重要的,这需要从4个基本方面着手:

第一,要营造友善的工作环境,使员工能够充分分享与工作有关的信息,加强彼此间的互动。

第二,要在工作中为员工留下个人决策的空间,以及犯错的空间。

第三,要让员工工作所得的酬劳能够保证员工衣食无忧。

第四,要让员工清楚工作的性质,为什么要这样做,以及将来的发展前景。

美国有一项研究表明,每年因为员工的毁约和不敬业,带给日本多达2000亿美元的损失,带给新加坡54亿新元的损失,带给美国3000亿美元的损失。而员工满意度达到80%的企业,平均的利润增长率高出同行业其他企业20%。另有研究发现,被员工给予好评的企业,其收益达到市场平均水平的2倍多。实际上,现实生活中的企业情况,也说明快乐是一种生产力。

企业效率的高低,与员工的工作热情是正相关的。而一个半途夭折的企业,一般其工作环境中缺少快乐,员工的满意度也持续偏低。有时候可以看到这样一个有意思的现象,一家企业的生存状况,与该企业拖欠工资的情况呈反相关。如果企业按时发工资,这样的企业往往能够持久生存;经常拖欠工资的企业,容易面临倒闭的命运。这里面大概也有快乐的因素在起作用,快乐较少的企业可能更容易倒闭。

在大文创管理创新架构中,我们提倡一种对于人的"赏识式管理",推

动员工自我超越和自我管理是非常必要的管理体系。人在做自己容易获得成就的事情时，才会全情投入；人们做自己喜欢的事情，才容易获得关键成果。

马云曾经在一个场合说道："我强迫自己每天思考6小时，我花时间去思考未来，对于未来要发生的事情特别有兴趣，这是我的好习惯，其他没有什么。"

人在轻松和愉快的环境中能够获得最佳的创造力，现在一些公司在工作环境设计中，更加注重人本，华为就有自己的咖啡时间，大家在一起愉快地聊天，然后回到工作中。兴趣和喜爱让人能够实现深度工作，杰出人物和普通人的区别在于他们能够在工作中沉浸下去，保持专注。巨大压力本身也会毁灭创造力。

在工作中也是这样，比起批评，赏识更能够提高工作效率，产生更多的创意，因为赏识带来快乐，而快乐是一种生产力。学习、研究、工作中有更多的快乐，不仅仅在文化产业之中，在科技创新领域，也需要一种深度工作、快乐工作的自我管理能力，兴趣和好奇心驱动，可以让更多的中国人获得诺贝尔奖和全球性文化大奖。

参考文献

[1] 范周,齐骥. 2018中国文化产业年度报告. 北京:知识产权出版社,2018.

[2][英]约翰·霍金斯. 新创意经济:如何用想法点石生金3.0. 王瑞军,王立群,译. 北京:北京理工大学出版社,2018.

[3] 夏杰长,刘维刚,刘晓东. 创意经济:上海经济增长新动能. 北京:社会科学文献出版社,2018.

[4] 陈仁科. 文旅小镇的生存法则. 广东:中山大学出版社,2018.

[5] 胡惠林. 文化产业发展的中国道路. 北京:社会科学文献出版社,2018.

[6] 李彬,潘爱玲等. 文化企业创新案例解析. 北京:经济科学出版社,2018.

[7] 刘玉平. 文化产业策划学. 济南:山东人民出版社,2018.

[8] 张岩松,穆秀英. 文化创意产业:理论与实践. 北京:清华大学出版社,2017.

[9][美]肖恩·豪. 漫威宇宙. 苏健译. 杭州:浙江人民出版社,2017.

[10][美]杰·饶、弗兰·川. 创新的科学与文化:一段苏格拉底式的旅程. 林涛,孙建国译,北京:北京大学出版社,2017.

[11] 陈根. 特色小镇创建指南(2018—2021). 北京:电子工业出版社,2017.

[12][英]安吉拉·默克罗比.创意生活：新文化产业.何道宽译，北京：商务印书馆，2017.

[13][英]大卫·赫斯蒙德夫.文化产业（第三版）.张菲娜译.北京：中国人民大学出版社，2016.

[14][美]斯蒂芬·惠勒.可持续发展规划：创建宜居、平等和生态的城镇社区.干靓译，吴志强审，上海：上海科学技术出版社，2016.

[15][德]克劳斯·昆兹曼.文化、创意产业与城市更新.唐燕译.北京：清华大学出版社，2016.

[16]张京成，刘利永，刘光宇.工业遗产的保护与利用："创意经济时代"的视角.北京：北京大学出版社，2012.

[17][日]福岛文二郎.经营快乐：迪士尼的卓越人才养成法.胡小颖译.中国华侨出版社，2012.

[18][秘]赫尔南多·德·索托.资本的秘密.李薇，邓达山译.西安：陕西师范大学出版社，2009.

[19][美]迈克尔·哈默，詹姆斯·钱皮.企业再造：企业革命的宣言书.王珊珊译.上海：上海译文出版社，2007.

[20]高伟.中国决定了世界可持续发展方向：创新驱动和绿色发展.经济参考报，2018.

[21] 80%是倒闭的！谁说主题公园现在很火.第一财经日报，2016-3-4.

[22]印象·丽江.CCTV经济半小时，2009-9-28.